勇敢如妳

TO BE A BETTER ME

「女人進階 To be a better me」粉絲頁版主 / 媽媽經理人
張怡婷 EVA ___ 著

〈專文推薦一〉

媽媽經理人

嚴曉翠

這本書，我不會推薦給所有朋友！

這本書，我最想推薦給下面兩類朋友：

蠟燭多頭燒，常常想著辭職回家帶小孩的媽媽職業婦女，還有不敢結婚生小孩的職場女孩們。

媽媽經理人是上天給的禮物

剛認識 Eva 時，因為知道她有兩個小孩，而且正在轉換工作跑道、內外交相逼的壓力很大，所以推薦了她一本好書，是關於：

「為何身為媽媽的專業經理人，反而可以表現的比男性更好？」

因為書中根據科學研究及近百例的實證訪查發現：「改變環境和注意力的焦點，通常可以刺激大腦思考，因而找到不曾想過的關聯，產生平時不會想到的好點子。」

當時推薦 Eva 這本書是要讓她相信，媽媽經理人是上天給的禮物，不要輕言放棄這個機會，放棄成為更好的媽媽、放棄成為更好的專業領導者的機會。

結果，Eva 不僅親身證實這個理論，還把自身經驗寫成書，分享給所有曾經跟她有一樣煩惱與壓力的朋友們。說實話，如果這本書能夠影響了一個以上的女性朋友，讓她們正面看待這個機會，追求自己的成就巔峰，這本書就已經達成了社會貢獻的目標。

媽媽經理人正是斜槓的先趨

這一年來在職場最流行的名詞就是「斜槓」，倡議一個新的價值觀，認為一個人不要只忠於白天領薪水的主業角色，如果有多元的才華，為什麼不讓自己的每一項專長，都有發光發熱的機會。

認識Eva或看過這本書的朋友就知道，Eva是有兩個小孩的媽，是個優秀的業務行銷主管，當然是太太、媳婦、女兒，經營了一個很紅的部落格「女人進階」，因為這個部落格的定位特質讓她也是許多女性朋友的張老師，還有好多好多角色都同時在Eva身上多元演出，你說，這不就是斜槓嗎？

我們回想一下，可能就是你自己、你的媽媽，或你認識的優秀女性領導者，是否就是在多重角色間不斷切換著，以現在最潮的流行語來看，這些女性都斜槓得很厲害。如果以電腦作業系統來比擬，這些媽媽職業婦女們不正是像多工的視窗一樣，同時開啟許多工作畫面，隨時都能切換不同的工作狀態及溝通對象，而每個對象在與她對話的時刻都認為自己是最愛？

Eva在書中最呼應我的看法的章節就是「狡兔三窟」，媽媽經理人在不同的角色間切換時，不僅可以得到喘息，可以得到創意靈感，還可以讓成就感來源不間斷。但Eva在書中也談到，媽媽經理人本來就是在工作與家庭及多重角色之間維持平衡，因此要有幾個重要的心理素質：

第一個是，要把每一個角色所面臨的課題挑戰都思考為，是否可做為另一個角色更成功之前的修行與靈感。第二個是，完成比完美更重要。執著於一顆球的接球角度，就沒有機會同時拋接住好幾顆球。

各位媽媽經理人，媽媽是孩子最重要的榜樣，你現在的所有努力其實都是為了你自己，但這也會成為你孩子的重要成長養分。閱讀 Eva 這本書，然後常常跟孩子說話，也跟自己對話。我相信每一個你，都會成為更好的自己。

（本文作者為利眾公關顧問公司董事長）

〈專文推薦二〉

其實你比想像中更有力量

許皓宜

身為一個職業婦女，其實需要有強大的心智，能在理性的工作與感性的家庭關係間，做清楚的轉換。一開始，你可能會覺得這項任務非常困難，但隨著時間不斷過去，你才發現原來自己比想像中還要勇敢。

我的好朋友張怡婷，她的年紀還比我小幾歲，但她的心智強大與勇敢真誠，卻是有目共睹，更讓身為姊的我深感敬佩。我曾經聽過她站在舞台上演講，描述當肚子隆起來、變成一個孕婦時，在組織中某些抱持傳統觀念的人眼裡，可能自動降為了無能的族群。但她因為這份「被看不起」，而創造了事業的另一個巔峰。她不只證明自己是一個有價值的工作者，更證明：「成為媽媽」本身，不只不會減損一個女人的能力，還可以讓她變得更強。

怡婷同時也是我的鄰居，我們連選舉的時候都會排排站在隔壁，所以我也有些機會可以看到她的家人，看到面對孩子們接踵而來的問題時，她如何一次次運用智慧去解決……，我和她就這樣相識、相伴多年，分享彼此的喜怒憂愁，幾次我在人生中感到徬徨時，也很自然浮現要找她傾訴的想法。身為一個不太弱小的女人，我深深感覺到，有怡婷這樣一個勇敢的朋友，是一件多麼快活的事情。

所以當我看到她的新書終於在百忙中生產出來，我知道她是擠出多少夜闌人靜、眾人都已進入夢鄉的時間，才能產出這本充滿動人文字的書。或許你會和我一樣，開始閱讀後，不自覺地想到自己的生活、不自覺地淚濕眼眶。是的，身為女人，我們的處境常常是相似的。但《勇敢如妳》，怡婷的這本書將讓你發現，原來我們不只學習勇敢，還要懂得去發現，自己比想像中更有力量。

（本文作者為諮商心理師、知名作家）

〈專文推薦三〉

人生最好的事，莫過於成為最棒的自己

凡妮莎

四年前，還是單身「少女」的我，意外當了媽媽，還記得當時驗孕棒驗到兩條線，我很擔憂的想說：「完蛋了，要進入那萬惡不赦的婚姻墳墓了嗎？我的自由呢？」接著一邊思考著要成為擁有伴侶的單親媽媽（不登記），還是乾脆與男友真正走入婚姻（去登記）。要知道，我從小可是看著美國慾望城市影集長大的，一個自由慣了的女人要進入婚姻，那是要捨棄掉多大的自由和自我啊！問了好幾位「本來以為不會進入婚姻」的姊妹淘，我發現了一個真理：只要確認對方是位「神隊友」，就嫁！不要懷疑，直接嫁！然後一起過個完全不一樣的精彩人生。

Eva的臉書貼文是我最愛看的網路文章之一，每每看到她的神隊友池先生的各種支援，都覺得：「啊！沒錯，這樣才是最棒的婚姻體驗啊！」不只有各種酸甜苦辣的滋味，有各種無言和感動，還有各種來自孩子的天真和可怕（半夜不睡覺的孩子真的比泰國所有的鬼片都還要恐怖）。

結婚前我很喜歡看電影，常常利用這短短的兩、三小時脫離現實，想像別人的人生在做些什麼。結婚後，我覺得這樣充實滿足的生活才是真正的電影（所以我已經完全不看電影了），我就真實活在一場自導自演的電影中，結局長什麼樣子還沒有人知道，但每天起床總是很期待今天老公又會耍什麼花招、孩子又會變出什麼把戲，然後每天睡前看著孩子們的睡臉想著：「好！媽媽可以再為你們撐下去！」

當了媽媽之後，我真心認為媽媽這角色才是真正的超級賽亞人。我們可以完美的整理出適合各種場合的媽媽包且無一缺漏；可以在上班時發號施令、開會，下班後回家陪孩子玩三歲智商的遊戲；可以維持優雅的氣質和妝容出門；下班還可以用十五分鐘開一餐飯，更重要的事情是，我們可以睡不飽但是絕不賴床（呃……是不是感覺有點悲傷，但其實沒有，我只是點出事實，然後用我們無限的幽默和歡樂來自嘲）。

Eva把一個女人能夠展現出來的「女力」在書中寫的鉅細靡遺，雖然偶有糾結，但更多是快速而且精準的選擇。忘了說，我認識她是從她拍了一支推廣手機裝載網路銀行之後有多方便云云的影片，向來都是到處找 ATM 匯款的我，看了那段影片之後就改變行為模式，下載了網路銀行，並且省下更多時間去做自己覺得更重要的事。

在這本書中，Eva 所要傳達給所有職業媽媽的真實心路歷程太過真實，真實到我有時光讀著讀著也感覺到焦慮，卻也讀著讀著就感受到那種「自己選擇後去完全迎接後果的勇氣」。當個可以一邊工作，一邊育兒的媽媽，是我覺得這輩子做過最棒的選擇，親愛的 Eva 和各位讀者，讓我們每天都一起進化吧！我想，能夠成為最棒的自己，那就是再好不過的事情了！

（本文作者為台灣月亮杯群眾募資計畫發起人）

〈專文推薦四〉

媽媽的抗壓性最強了

潘思璇（CP）

和 Eva 一樣，我也是兩個小孩的媽；和 Eva 有點不一樣，我生的是雙胞胎男生，又選擇全職創業。

和 Eva 相識在二〇一四年的女性創業論壇，她問我：「當了媽媽，還可以創業嗎？」我說當然！我就是兩個孩子的媽，不會因為生了小孩，就不能選擇我要的人生。

其實媽媽的抗壓性最強了，超級適合創業。相信大家都不陌生這樣的場景：一早醒來，看見孩子躺在吐滿奶的床單上；老大尿床，老二也跟著遭殃。我家老大從六個月的時候開始，就有嚴重的異位性皮膚炎，一路抗戰到他五歲，在這之中什麼都發生過，例如抓得全身是血，甚至連床單都沾血，嚴重時更是包得滿頭紗布，幼稚園老師見到我，說起孩子竟然心疼的哭了，我這當媽媽的反而還得安慰老師。

就在到處看醫生，打聽與實驗各種抗戰方法的同時，我選擇辭去穩定工作，全職創業。當創業者多了那麼一點好處，就是可以早點下班接孩子，回家煮完飯繼續工作。遇到不得已要開會又沒幫手的時候，我就得帶孩子前往，幸好客戶與工作夥伴都很包容體諒。

小孩當然會有不受控的時候，但當媽媽的必須堅強，不能跟他一起失控，正如同 Eva 粉絲團的名稱「女人進階」，為人父母扛起管教養育責任也是人生「再進化」。

不論你是不是媽媽，只要你是女人，難免會被賦予一些「社會期望」。常見的刻板印象例如：「女人花時間找另一半，男人花時間拚事業」；又或者女主管跟男同事一起出門，被客戶誤認男人才是主管，把女人當助理使喚。「你為什麼不好好在家裡帶小孩，要出來拋頭露面的創業呢？」你可能會說都什麼年代了，還有人這樣想？不要太意外，一九二〇年美國婦女獲得投票權，距今還不到一百年，甚至也還沒出現過女總統呢！整體社會意識需要很多時間改變，女人想證明自己，還是得多花一些力氣。

還好，現在你有 Eva 的書了。她會讓你知道，失去勇氣的時候該怎麼辦，困惑的時候又該怎麼辦？Eva 會與你分享如何管理時間、控制情緒，越活越進階。

（本文作者為童顏有機童顏長）

〈專文推薦五〉

媽媽，妳的名字是勇敢

謝文憲

除了兩位創辦人是男性的理由外，我說不上來為什麼，憲福育創的學員名單中，女性占了百分之五十八的高比例，而怡婷（Eva），是這一群優秀女學員中，最耀眼的明星之一。

我們同台或相遇的場合很多，最讓我印象深刻的是第一次說出影響力課程。決賽中，她鎮定的訴說著在前公司工作時，因為懷孕出現狀況，醫師下令必須「緊急臥床」才能保住胎兒。就在她請假休養期間，竟接到公司寄來的筆電，要求她繼續辦公並處理不需要面對客戶的事務……。聽到這段故事的我與現場觀眾，無不一面嘖嘖稱奇、又一面心裡淌血。

稱奇的是：「老闆真天兵」，淌血的是：「怡婷如此熱愛她的工作與家庭，卻沒想到她自己。」雖然後來她離開了前公司，展開了新人生，但她職業婦女的糾結與忙碌，卻沒有因此告終，反而變本加厲，加速衝刺著。

我的第八本書名就用了以上故事作為標題：「人生沒有平衡，只有取捨」，獲得許多職場工作者好評，而我在遠見華人精英論壇的該篇專欄，也獲得史無前例近一百四十萬次的極高單篇瀏覽量。

這是我與她的交集。

怡婷這個人，以及她在職場的故事從來沒有中斷，每次看她在粉絲專頁分享身為母親的種種故事或是職場文章，總能獲得高共鳴，不難理解她生命歷程有多精彩，而文筆卻又是那麼的觀察入微與細膩。

我們陸續安排她擔任憲福 STEP 年會主持人、說出生命力大賽主持人、媽媽MBA時間管理專題講者，我個人也請她擔任策略合作的小資女論壇首棒講者、士大夫談職場廣播代班主持人，多次的同台機會，我注意到她霸氣中卻帶著圓融與感性的特質，她就是那種明明擔任主持人，卻會哭得比演講者更大聲的人，但是擦乾眼淚一上台，又能容光煥發，稱職演出。

就是ㄍㄧㄥ啦！無與倫比的ㄍㄧㄥ。

我仔細研究過她為何要如此？

答案只有一個：「因為她是職業婦女，有時沒得選，就是最好的選擇。」也正因為如此，造就了職業婦女無敵強大的超人力量。

我不諱言：我很欣賞她，非常欣賞她，尤其欣賞她台上那種「林祖罵的霸氣」，搭配台下為家庭奔波勞累，為工作負責管好大小案子的職業婦女的堅毅與卓絕特質，我想，這或許正是大多數職業婦女的日常與寫照吧！

她儼然就是職業婦女的代言人。

她是媽媽、女兒、妻子、媳婦、高階主管……這麼多且複雜的角色，她如何扮演得這麼好？我想有兩個很重要的理由：「聰明與勇敢」。

她頂著高學歷，學東西很快，很會察言觀色。她知道老闆要什麼，觀眾、學員、聽眾要什麼，如何跟公婆溝通、跟爸媽溝通、跟不是很好溝通的兒女溝通、跟愛看棒球的老公溝通、跟名人老闆溝通，甚至跟嚴格的教練溝通，這是我這段時間從她身上察覺的特質，尤其是：「有她在的地方，她一定會用一種最大公約數的方式，讓大家都投入與滿意。」

前幾天，我的兩千場職業里程碑達成，怡婷與幾位好朋友約我吃飯，在我的餐廳，當然是我請客，我幾乎不讓晚輩請客。席間有五位我的代班主持人，加上好朋友皓宜、逸琦，而怡婷就能在這麼多女人之間穿梭，穿針引線，來回供給話題與拋接話語權。

聰明，她是一位很聰明的媽媽，更是一位聰明的高階主管，而聰明之餘，卻仍保有豐富的個人色彩，一位很上進、很勇敢的職場工作者與母親，相信未來也會是一位很棒的作者。

我在術後第二十七天上午五點半看到編輯寄來她的作品全文電子檔，我竟然從床上爬起來坐在電腦前面，一口氣看完大部分全文，我很少這樣，尤其還在生病這段期間。她寫的很好，我看了很感動，八點不到，我傳了封訊息給她：「老天爺將苦難包裝成禮物送給你，順勢而為，享受當下，你簡直是天才，你好棒！」

她很勇敢，把能寫、不能寫的，都寫出來了，就像她扮演的所有角色一樣，勇敢與堅強。

我想將這段話送給她，同時也送給正在看這一篇的您們，尤其是媽媽們：「媽媽，您們的名字叫勇敢。」您們就是勇敢的化身！誠摯推薦本書。

（本文作者為知名講師、作家、主持人）

Contents 目錄

Part 4 勇敢愛自己 217

〈前言〉

聽說你是個職業婦女

小孩終於睡了，你忍著腰痠背痛，晾著剛洗好的最後一籃衣服，邊晾邊想著明天早上晨會的報告還缺了幾個分析表格，到底是要等一下熬夜寫完，還是明天早起寫呢？

準備要去洗澡，經過客廳發現滿地的玩具。嘆了一口氣，還是先把玩具收好再去洗澡吧！洗澡時，沖了好久的熱水，這似乎是今天最療癒的一件事情了。洗完澡，累到眼皮都睜不開，先睡吧！設定了很早的鬧鐘，明天早上起床來寫報告好了。

頭才一沾到枕頭，似乎瞬間就進入了無夢的睡眠中。不知道為什麼半夜突然驚醒，聽到了非常細微的哭聲，細微到你得要拉尖耳朵仔細聽才聽的清楚。哭聲是從隔壁房間傳來的，小兒子做噩夢了，大概是今天晚上玩太瘋了吧！哭聲夾雜著幾句喊叫，你又嘆了一口氣，辛苦的爬起身，摸黑走到隔壁房間。不要怕、不要怕，媽媽在這裡。

坐在床邊拍著兒子，你沒有睜開眼睛，因為累到眼睛都睜不開了。其實，你甚至累到連呼吸都很費力氣。不知道過了多久，三分鐘？五分鐘？你坐在黑暗中，時間的長短變得非常模糊。兒子的哭聲漸緩，呼吸聲也逐漸平穩，你小心翼翼的起身，摸黑走到門口，手才剛搭到門把，後面傳來稚嫩的聲音，帶著哭腔：「媽咪陪我！」你深吸了一口氣，摸黑走回床邊，媽媽在這裡，媽媽陪你。

你靠在床邊睡著了，用非常奇怪的姿勢。不知道是你先睡著，還是兒子先睡著的。驚醒後你掙扎著起身，左手臂麻掉了，全身僵硬，但還好兒子睡著了，你趕緊回房間繼續睡覺。距離早上要起床做報告的時間，只剩下一個半小時，能睡多少是多少。

不小心睡過頭了，距離上班時間只剩一小時，你慌張的起身，報告！報告要趕快完成才行！分析數據只提供今年的夠嗎？還是要把去年的也一起拿來比較呢？對了，小孩的早餐要吃什麼？啊，還好昨天有叫老公買麵包回家，麵包配鮮奶應該就可以了吧。

離上班時間只剩三十分鐘，要趕快叫小孩子起床了！不知道為什麼，只要是週末，小孩都七早八早的就起來，但是週一到週五，孩子卻總是怎麼叫都叫不起床，他們的生理時鐘好奇怪。

快快快，動作快，再快一點，媽媽要遲到了！我在說你有沒有在聽？刷牙刷快一點，自己穿衣服好嗎？吃早餐的時候不要玩玩具！書包拿了沒？餐袋呢？

「媽咪，老師說我總是全班最後一個到的，你可不可以明天讓我早點到學校？」

趕到公司，還是遲到了，打卡時間就差這一分鐘，看來今天早上又要請假半小時了。晨會報告的數據好像有誤差，可能是今天早上趕著做報告的時候，拉錯了公式。主管生氣的說今天下班前要提供正確的數據，否則就不要下班。

不行，我今天不能加班，老公出差，我要去接孩子放學，看來，又要用中午休息時間趕報告了。

快快快，要去接小孩放學，這封信寄出去我就得走了，客戶千萬不要這個時候打電話來，拜託，拜託，拜託！偷偷摸摸背起包包往外走的時候，有同事故意大聲的跟我說再見：「好好喔！可以這麼早就下班，我的事情都還做不完呢！」但是半小時之前，在快步去上廁所的路上，你明明看到他在茶水間跟其他人聊天說笑了好久好久。

為什麼偏偏這時候塞車了？心煩意亂的堵在車陣中，不停的看著手錶，好像這樣子時間就能走慢一點。孩子會不會等很久？還有老師在陪他嗎？

幼稚園附近的停車位好難找，慌忙的停好車，狼狽的小跑步進學校，小孩子嘟著嘴背書包走過來。「媽咪，你好慢，我又是全班最後一個回家的人了！」對不起、對不起，下次媽咪會早一點來接你。

幫小孩子洗完澡、吹完頭髮，這才看到手機有好幾通未接來電。查看了一下訊息，原來是主管急著要一份資料。打開電腦，你急忙查找資料，到底存在哪個資料夾？搜尋功能為什麼這麼難用？

「媽咪、媽咪！陪我玩，不要用電腦了好不好？」等一下好嗎？「媽咪、媽咪！」再等媽咪一下！「媽咪、媽咪……」你找不到資料，手臂被搖晃著，一個晃動，輸入錯了兩個字，終於忍不住大聲吼叫起來。「就叫你不要吵了！你沒看到媽咪在忙嗎？」小孩扁起嘴，眼眶紅了。你的眼眶好像也紅紅的，不知道自己是在生氣還是愧疚。

老公終於回來了，跟老公打個商量，拜託他先去哄小孩睡覺，你想先沖個澡，明早要去拜訪客戶，今晚想早點睡。老公臉很臭，叨念著他出差回來也很累，為什麼一回家就要「幫你帶小孩」？你累到不想跟他吵架，盯著小孩睡前刷牙、上廁所，才得空去洗澡。邊沖澡邊想著明天的提案報告，明天提早一個小時起床好了，簡報再加兩個成功案例，效果應該會比較好。

沉重的眼皮快睜不開了，你胡亂在臉上抹著面霜，也不管什麼保養步驟，趕緊睡比較實在。歪歪斜斜的躺上了床，不知道小孩今晚會不會半夜起床找媽媽？拜託不要，明天的提案會議絕對不能遲到，這是在昏睡前閃過腦中的最後一個想法。

晚安。

聽說，你是個職業婦女。

PART 1

勇敢品嚐職場女性的酸甜苦辣

01 勇敢如妳

「都敢生小孩了，還有什麼好怕的？」真的，從懷孕開始，撐過陣痛、生產、餵奶、長期睡眠不足這些生理上的痛苦，接下來還要面對家庭財務缺口、養育孩子、產後重回職場這類心理上的煎熬，女人在當媽媽的過程中，都有許多不得不勇敢的事情。

「老大，這星期三要拜訪竹科客戶，我們是搭高鐵下去嗎？」同仁剛讓我審核完預計週三要提交給客戶的簡報，順便請示了當天前往的交通方式。

思索了五秒鐘，我果斷決定：「我開車吧。」

新創公司不容易，能省就省，尤其全公司的收入由自己掌管的部門負責，一塊錢在我眼中跟在別人眼中重量就截然不同了。

開車到新竹，應該是我開過最遠的路程了吧？但還好不是第一次，去年我曾經自己開車載兩個小孩到新竹綠世界生態農場，與家人會合一同遊玩。我還記得那時候家族 Line 群組裡群起反對，力道之激烈讓我懷疑自己是個被過度保護的孩子，而不是個有幾分聲量的職場女漢子。

「你瘋了嗎？你會把自己連同兩個小孩一起搞丟。」

「你搞不好還沒開出台北就迷路了。」

「你還記得大學時，在住了二十幾年的老家隔壁那條街，你竟然還是給我迷路，要我出門去找你嗎？」

「既然池先生出差，要不然你們就不要來了，免得你不見了我們很麻煩。」

好，我承認我不太有認路的天分。就算同一條路走過上百次，我偶爾還是會鬼迷心竅的拐錯彎，最後茫然的在街邊打電話求救。

我不喜歡跟朋友約陌生的地點、討厭走沒走過的新路線、反感別人臨時改行程……，因為我每去一個地方，都要先用 Google 地圖反覆查看路程，再用虛擬街景模擬著走上幾次。

我的人生有「三不一沒有」：不會認路、不會看地圖、不了解導航在說什麼、沒有方向感。

我也承認我因此不太喜歡開車。

坐在車子裡迷路的感覺，比起站在路邊迷路的茫然還可怕好幾倍。走路若是拐錯了彎，大不了馬上回頭就是。但開車若是轉錯了路，恐怕就誤上高架橋或是高速公路，再回頭已過了個縣市。

就算對於「不知自己身處何處」的茫然再熟悉不過了，我依然非常討厭那種手足無措、驚慌害怕的感覺。瞬間湧上的莫名恐懼，彷彿可以吞噬掉人，曾經讓我非常抗拒學開車。

就這樣一直逃避著學開車這件事情，直到我生了小孩。

「恐懼」和「勇敢」並存

為人父母後，夫妻倆討論著未來小孩教養、就學的種種細節，我突然發現，為了配合兩人上下班時間，我們勢必得輪流接送小孩。而用機車接送嬰幼兒的風險過高，家中長輩也相當反對機車接送，這代表，我必須學習開車這項技能。

於是，產假休完，我硬著頭皮去報名了駕訓班。

當時還在餵母奶，外加工作滿到喉頭，只能報名清晨六點的駕訓班，早起、餵奶、出門練開車、趕到公司擠奶、上班、下班後趕回家照顧小孩，我就這樣睡眠嚴重不足的學起了開車。

儘管一個月後駕照順利到手，我還是不敢上路。每條路都看似熟悉卻其實並不認識的混亂感，讓我對於開車上路害怕到極點，我很難具體形容那種恐懼，總之就是一種頭皮會發麻、雙腿會發軟的感覺。

但為了孩子，我得學會開車，沒有退路。

我把所有職場上訓練出來的目標管理、時程管理、進度檢討工夫都運用上了，硬著頭皮逼自己設定開車的短、中、長程目標，一練再練，邊發抖邊練。歷經了千辛萬苦，我終究學會了開車。

「恐懼」沒有消失，但「勇敢」有了意義。

「渺小」也能「強大」

曾有人說：「恐懼是一種習慣。」當我們面對必須或應該去做的事情，即便內心充滿恐懼，也要想辦法克服，因為我們不能寄望恐懼會自己憑空消失。

很多時候，恐懼的習慣阻礙了前進的步伐，甚至讓人完全癱瘓，失去了行動力，然而往往只要迎頭去做，一旦行動了，就會發現其實並沒有想像中的那麼可怕。

常聽人說：「都敢生小孩了，還有什麼好怕的？」真的，從懷孕開始，撐過了陣痛、生產、餵奶、長期睡眠不足這些生理上的痛苦，接下來還要經歷學開車、面對家庭財務缺口、處理小孩傷口，甚至產後重回職場這些心理上的煎熬。我相信女人在當媽媽的過程中，都有許多不得不勇敢的事情。

一向喜歡所有事情都在掌握之中的我，之所以討厭迷路、討厭開車，是因為討厭那種「不知自己身在何處」的手足無措與茫然，討厭那種「會不會找不到下一步」的驚慌害怕與恐懼，而這些彷彿隨時要淹沒我的感覺，在當媽之後卻很常發生。

因為我永遠不知道，此時幫小孩選擇的學校，對他們的未來是幫助還是阻礙，我質疑自己不安排才藝課，到底是讓孩子自由長大，還是害他們失去了接觸多元興趣的機會。這一秒我擔心自己太過嚴厲，讓孩子的自尊受到傷害，下一秒卻擔心自己的民主放任，會讓他們在外面的環境失了分寸。我每天都對自己的應對與作為感到疑惑，我隨時都在擔心自己不夠謹慎與周全。

「即使你的膝蓋在發抖，迎頭去做，去做。」這句我本來覺得毫無道理的話，但是在當媽之後，我懂了。

成為母親之後，我覺得自己無比的渺小，又同時無比的強大。因為有了更多掛心的人，我更加恐懼；也因為有了更多事物要去捍衛，我更加勇敢。

我想，我永遠無法練到「無所畏懼」的境界，但我知道，我有邊發抖邊往前走的勇氣。

進階筆記

★生活中的各種「恐懼」不會憑空消失，但會因為「勇敢」而有了深刻的意義。

★成為母親之後，有了需要掛心的人，即使充滿恐懼不安，也會因為有更多事物得捍衛，而變得更加勇敢。

★「無所畏懼」也許太遙遠，但是可以鍛鍊邊發抖邊往前進的勇氣。

02

當媽媽，就是最好的在職進修

女人成為媽媽，就像是突然被迫離開舒適圈，到了嚴酷的環境中進行在職進修。挑戰難就難在身為媽媽，我們既不能開除小孩，也無法自行離職，為求安然過關，我們必須邊學習邊成長，一路走來，也練就了一身好工夫……

去年年底，一位我非常欣賞的朋友 Betty 出書《下個十年，你在哪？》，我買了十本送給團隊的同仁。我的想法是：如果他們從這本書獲得些什麼而成長，他們好，團隊就會好；團隊好，我就會好。

有位年輕的同仁在閱讀完畢後，寫信告訴我：「謝謝 Eva 讓我們有機會讀到這本好書。」這位同仁年紀輕、經驗少，很常因為思維不夠縝密而被我當面「大聲糾正、用力回饋」，幾次下來，我忍不住問他：「我剛剛是為了幫你理順思考邏輯，讓你能更有效率的應對客戶，應該還承受得住吧？」

他笑笑的說：「我沒事啊！謝謝 Eva 的指導，我們每個人都有各式各樣的狀況，不僅需要你隨時從旁協助，還一天到晚惹你生氣。你怎麼有辦法在家裡管小孩，在公司管我們，都不會抓狂啊？」

「會啊，我真的快抓狂了，拜託你們快點自立自強，媽媽我好累！」我笑著回應。

媽媽有一身管理好功夫

回想起來，我前幾個工作的同仁都暱稱我為「媽咪」、「馬麻」。被我帶過的下屬、儲備幹部，至今還會傳訊息向我詢問職涯規劃與人生的各種疑難雜症，這樣看起來我應該算是得人心的主管吧？

但其實在我成為媽媽之前，曾經被我罵哭的同事不計其數。我講話機車又帶刺，要求高又沒耐心，根本沒人想被我領導，甚至認為是「衰到底」才會進入我的團隊。我有一個前同事曾說：「感謝老天讓 Eva 成為一位母親，否則我們都要被折磨的不成人樣了！」我今天在職場上的軟實力，例如溝通、協調、同理心和換位思考，全都是當媽媽的過程中磨練出來的。如果依照奧斯卡得獎者激動落淚的發表感言，我會說：「如果我今天能有點什麼小成就，都要感謝磨練我的兩個小孩。」

就像寶僑（P&G）全球嬰兒產品部門總裁黛比・漢瑞塔（Deb Henretta）說的：「你不能說我是『儘管為人父母，還能夠成為傑出的經理人』，而是應該說『因為我為人父母，所以我才能成為更好的經理人』。」

跟黛比同樣被《財星》（*Fortune*）雜誌選為商業界五十大傑出女性的奧美董事長暨執行長夏蘭澤（Shelly Lazarus）也曾表示：「我很在意某些人『如果你是個成功的主管，你就不能有小孩』的說法。那根本是無稽之談！如果你有小孩，你會是個更好的主管！」

我完全同意這兩位女性經營管理者說的話。女人成為媽媽，就像是突然被迫離開舒適圈，到了嚴酷的環境中進行在職進修一樣。在教養小孩的過程中，身為媽媽的我們既不能開除小孩，也無法自行離職。為求安然過關，什麼奇門遁甲都得使出來，且戰且走，邊學習邊成長，於是練就了一身好工夫。

最重要的軟實力：同理心

忙碌又多工的職業婦女，就算大眾認同會因為照顧小孩而增長什麼職能，大多就是時間利用、專案管理這類的能力吧。但我習得的第一門功夫，其實是同理心。

年輕單身時的我，對自己的要求很高，卻學不會「律己嚴，待人寬」。我會用非常高的標準來要求同事，因此很不喜歡同事在沒有思考過問題之前，就來找我要解答。若是同一件事情講了三次，同事還是記不起來，或是接連犯錯，我也完全不能接受，更會疾言厲色、不耐煩的斥責犯錯的人。

我在工作上非常努力，甚至可以連續好幾個月早上八點多到公司，一路工作到晚上，再加班至凌晨一、二點才離開，全心全力只為了把事情做好，當時的我認為別人也應該跟我一樣才對。這樣對自己、對別人都嚴厲不寬容的我，帶給身旁的人非常大的壓力。很多人怕我，我當時覺得他們只是承受不了高標準要求。

當了媽媽之後，在教養孩子的過程中，我才發現，同一件事情我不只要教小孩三次，往往得教個十次、二十次，小孩可能還是無法做得精準正確。不論是從正面的學習，例如學走路、穿衣褲、拿湯匙；或是糾正行為，例如不要亂丟玩具、不要玩插頭、不要把手放進門縫等等，小孩的學習都無法一次到位，需要不斷重複與修正。除了容許犯錯，我還得學會放寬標準。

小孩會從不停犯錯之中，摸索新的事物，學習正確的作法。在這過程中，父母嚴厲的責罵是一點用都沒有的；相反的，我們得適時給予鼓勵、讚美，去正向強化小孩的行為。

打開耳朵，打開心

我就是從當媽媽的經驗中，學會了寬容看待同事犯錯，甚至開始調整自己的想法：「犯錯就是最好的學習。」因為犯錯可以加深工作者的印象，藉機思考發生錯誤的原因，並學著承擔後果，更重要的是學習如何及時改正以及危機處理。

我也在教養孩子的過程中，學會正向的讚美與認同。媽媽就是孩子最棒的啦啦隊隊長，常說的台詞有「哇！你好棒喔！」「對！就是這樣做，你好厲害！」我們不吝於讚美，並適時鼓勵小孩，希望孩子能重複正向的行為；我們知道小孩得到讚美會開心，也更願意再付出。

我不知道為什麼以前的我，想不通也學不會這一點。

在工作中，我開始會用欣賞的眼光去看待同事們的努力、創意發想、提出的解決方案，我會真心為他們的成長與學習開心，這大概就是媽媽的心情吧？

我也從與孩子的相處中，學會了傾聽與換位思考，打開耳朵，同時也打開了心。我願意從孩子的角度去了解他們遇到的困難與挫折，再從我的角度去表達我期待他們這麼做的原因。工作上帶領團隊，又何嘗不是這樣呢？

在家裡，我也是個在犯錯中不斷學習成長的媽媽，在做對了些什麼的時候，孩子從不吝於給我他們的笑容與歡呼。在工作中，我慢慢成為越來越懂得溝通、傾聽、換位思考的主管，在做對了些什麼的時候，同事也大方給我讚美，以及更進階的好表現。

我終於懂了，在我的主管養成之路上，媽媽經就是一套最實用的管理學。專業，讓我成為一名稱職的管理者；當媽媽後擁有的同理心，讓我更出色。

進階筆記

★當媽媽就像是充滿挑戰的在職進修，邊學習邊成長，練就一身管理的絕活。

★同理心是媽媽身上寶貴的能力，更是優秀主管的必備特質。

★容許犯錯，讓孩子從中學習，比起嚴厲責罵，往往更有效的是適時的鼓勵與讚美，正向強化他們的行為，工作上帶領團隊亦然。

★傾聽與換位思考，運用在家裡，從孩子的角度了解他們遇到的困難與挫折，提供適切的建議與協助；運用在職場上，讓溝通順暢無阻。

★媽媽經蘊含管理學的智慧，因為有小孩，所以成為更出色的主管！

03

媽媽MBA之負責與當責

從平常督促孩子「收玩具」和「清桌面」也可以學習到職場管理術？工作時認真面對各種細節能讓媽媽在照顧家庭、處理家事時更俐落、有效率？媽媽這個角色和職場管理之間有什麼關聯？

「有沒有人知道什麼是『負責』（responsibility）？」面對著全場數十位餐飲界的主管們，我站在台前高聲的詢問。

我受邀來替餐飲界知名品牌的主管們做企業內訓，老闆與老闆娘也出席成為學員，現場氣氛十分熱烈，學員互動意願很高，在加分贈獎的鼓勵下，所有主管都玩瘋了似的紛紛搶答。

「把交辦的事情做完！」最快舉手的學員在被我點到後大聲回答。

「很好！加一千分！還有沒有？」我微笑讚許，節奏明快的尋找下一位舉手者。

「把責任扛起來，不要丟給下屬！」好不容易搶答到的主管直接站了起來。

「非常好！加一千分！聽起來是很有肩膀的主管喔！」我給予正向回饋。緊接著又聽取了幾位學員的答案，看起來大家都清楚知道負責是什麼。

「那麼，有沒有人知道什麼是『當責』（accountability）？」我讓氣氛緩下來，慢慢的開口問了第二個問題。

場面如我意料中的冷靜了下來，學員我看你、你看我，沒人有答案。我立刻切換到下一張投影片，列出這兩個名詞的定義。當責是「成果至上，不管中間有多少困難，一定要交出成果。」而負責是「責任只在執行被交付的任務，只要做了，不管結果如何，就算沒有功勞也有苦勞。」

聽完定義解釋，學員們當然還是一頭霧水，這時候我就端出了我最擅長的「媽媽ＭＢＡ教學法」，以尋常的家庭場景為例。

「我家的客廳四處散落了玩具，我請姊姊去把玩具收好。最後客廳還是十分凌亂，但她不甘願被罵，回我一句：『我明明就收好我的玩具了，剩下的那些都是弟弟的啊！』請問姊姊的態度是『負責』還是『當責』？」

「同樣的場景，我家的客廳四處散落了玩具，我請姊姊去把玩具收好。姊姊帶著弟弟一起收玩具，收完了自己的玩具後，還教弟弟怎麼將他的玩具分類歸位。請問姊姊的態度是『負責』還是『當責』？」

簡單的舉例，學員們秒懂「負責」與「當責」的區別。尤其是為人父母的學員，對於這個範例認同的大笑出聲，果然不只我家有收玩具的困擾。

再將家庭場景延伸到辦公室，我交辦兩位業務同仁週五繳交當季業績達成表，最後只有收到一份報告。業務A回答：「週四晚上我已經把數據寄給業助，請她整理成季報表格再上呈交給您，但我不知道她沒寄出來。」同時間業務B不只提早將數據遞交，預留了時間覆核業助整理的表格，並請業助寄出信件給我時將他放在郵件副本，更利用排程軟體在週五提醒自己與業助檢查是否完成寄送。業務A、B誰做到了「當責」呢？

這樣的對照思考與延伸學習，我不只應用在企業內訓的教學中，而是每時每刻都在生活中實踐。我稱它為「最強大的在職進修——媽媽MBA」。

當媽媽是最扎實的在職進修

不少上進的職場工作者，為了增強或是提前預備自己的管理能力與人脈鏈結，會選擇回到學校進修EMBA。修畢課程，不只可以獲得學歷，還有可能在職場上獲得加薪與晉升。我雖然沒有任何時間空檔攻讀EMBA，但我認為「擔任媽媽角色」就是最扎實的在職進修了！

作為兩個孩子的媽媽，我因為事務繁忙學會了高效率時間管理，也因為常需要調解兩個小孩的糾紛，增強了資源分配與溝通協調的能力，更因為需要孩子們配合家庭時程起居作息，領導統御與專案管理成為了我的強項。更不用說那些大大小小類似「收玩具」與「寄報告」這種讓我交互應用、交叉學習的場景了。

同時，這種能力增強也是雙向的。除了當媽媽讓我成為更好的主管之外，擔任主管也讓我增加了教導孩子的深度與豐富度。我總是盡量用最簡單明瞭的語言讓孩子們理解職場上的故事，就算他們不能完全明白，也總是聽得津津有味，大概也是因為對媽媽的工作感到好奇吧！

職場就是一本教育寶典

「你知道『負責』，但你知道什麼是『當責』嗎？」某天睡前聊天時間，我問著已經躺平蓋好棉被的女兒。「當責就是『要五毛給一塊』，你說奇怪不奇怪？」我自己回答完後欲罷不能的哼唱起〈三輪車〉這首歌，逗得她哈哈大笑。

而當晚的睡前故事，就是我工作上的兩個案例：

●要五毛，給一塊——把事情「做好」

我和某設計公司近期有大量合作互動，負責合作案的年輕設計師是新窗口，她工作量滿檔非常忙碌。我盡可能用最短的時間精準說明需求，但還是相當擔心她會在緊湊的時程內虛應故事，只求盡速交差。

但意外的，她是一個「要五毛，給一塊」的專業工作者，繳交給我的作品超乎預期，讓我大大的感到驚喜！

「媽媽請她作影片的腳本，就像之前你想拍影片時，我叫你把每個鏡頭簡單寫幾個大字那樣，記得嗎？」我盡量舉女兒Showing聽得懂的例子，剛好前陣子她對拍影片很有興趣。「結果超誇張的，她直接畫漫畫給我耶！而且不是隨便畫畫的喔！她畫得很厲害、很仔細，還畫出每個角色在每個鏡頭裡的動作和情緒。那個腳本大家看了馬上能懂，所以後面拍影片就非常順利。」

「哇！她怎麼這麼厲害！」Showing 發出驚呼聲。

還有很多其他類似的驚喜，例如我請設計者簡單提供示意圖，她直接做出了一分鐘的動畫檔案，完整示意，無需文案解釋。我跟她要五毛，卻獲得了遠遠超過一塊的成果。這樣的合作夥伴天涯難尋，能跟自主把事情做到最好的神隊友合作，讓人無比興奮，大幅提升了我的工作動力！

●要五毛，給一毛——把事情「做完」

但同一時期，合作的公關窗口Ｂ卻讓我非常的挫折。要五毛，給一毛，得分別開口要五次，才湊齊五毛。

「媽媽問她活動辦得怎麼樣？例如多少人參加啊？花了多少錢啊？結果她就只寄給媽媽參加人數跟計算花了多少錢的表格。後來我問她提供了什麼獎項呢？獲獎資格是什麼？數量多少啊？她又只寄給媽媽一些資料。最後我慢慢問、問超久才得到完整的報告，累都快累死啦！」我用誇張的語氣表達我的無奈。

「她也太誇張了吧！不會一次想好，再一次給嗎？」Showing 出聲應和。

但B不認為自己有錯，她明明就如實回答了我每個問題，她不懂為什麼大家總要對她這麼不耐煩。因此，她工作的很不開心且充滿抱怨，覺得合作夥伴老是針對她，主管老闆也不挺她。儘管B每天工作到很晚，算是努力的員工，但是因為想得太少，總缺了一步，而無法有令人滿意的成果。

B把事情「做完」，但A把事情「做好」；B用「完成率」衡量自己，但A用「成效」當作自己的KPI。

「媽，但我也會這樣耶！有時候爸叫我收桌子，我把桌子收乾淨之後，還會搬椅子去收書櫃上面，最後整間房間都很乾淨。但有時候爸叫我收桌子，我就只收桌子，而且連桌子都收不好，哈哈哈！」Showing 透過自己的例子來發表她的想法，讓我很驚喜。「你剛剛說的那個A，她可能畫腳本的時候很開心吧？」

「所以你是說……『當責』的人，可能本來就很喜歡、很享受自己做的事情囉？」小女孩看事情的角度讓我有了新的見解，真好。「很有道理耶！媽媽學到新東西了，謝謝你。」我講完故事，在她兩頰上各親一下，再給一個緊緊的擁抱。

時間差不多，這女孩該睡覺了。

這就是我進修媽媽ＭＢＡ的方式。我真心相信，認真面對職場上的每個細節，會讓我成為更好的母親；而努力照顧家庭的每個需求，也會讓我成為更優秀的管理者。

進階筆記

★「負責」只在執行被交付的任務，不管結果如何，只求把事情「做完」。

★「當責」是成果至上，不管中間有多少困難，一定得交出成果，除了做完事情之外，還要求把事情「做好」，要五毛卻給出超過一塊的成果！

★家庭與職場之間有許多事情可以交互應用、交叉學習，例如提升時間管理、資源分配、溝通協調、領導統御與專案管理等工作技能，同時也增加了教導孩子的深度與豐富度。

★媽媽們也許沒有充裕的時間進修，卻能從家庭和職場之間的對照思考、延伸學習中，自我成長為更好的母親，同時也進階為更優秀的工作者、管理者。這就是「最強大的在職進修——媽媽ＭＢＡ」！

04 該不該辭去工作當全職家庭主婦？

「當職業婦女實在太累，好想辭職在家帶小孩啊！」我想，沒有人能夠保證，全職家庭主婦的工作一定會輕鬆許多！不過，你知道嗎？職業婦女轉做家庭主婦其實算「轉職」的一種，在遞出辭呈前有些事不得不好好想一想……

「照顧哭鬧的小孩到天亮，眼睛都快張不開了，累到好想哭，還要準時上班、找空檔擠母奶……真的很痛苦，我可不可以辭職在家當家庭主婦就好？」

「每個月賺四萬不到，一半的錢都給保母了，賺錢請別人陪自己的小孩玩，我卻連小孩跨出的第一步都沒看到，我到底還在硬撐什麼？」

「小孩生病不能上學，我得請假在家照顧，明明是正當理由，為什麼還要被主管跟同事白眼？我不幹了行不行！」

「為什麼男同事有小孩，主管覺得他會更負責，而我生小孩，老闆卻覺得我會把重心改放在家庭，無心工作？我跟男同事一樣優秀、一樣有了下一代，憑什麼是他晉升不是我？反正都同樣得付出時間跟心血，是不是付出在家庭上比較值得？」

如果你有這樣的想法，甚至有這樣的衝動，不用擔心，其實你並不孤單。根據調查統計指出：女性婚後離職率高達百分之二十六點八，將近六成女性勞動力因家庭退出職場，主因當然就是照顧子女。

人生中每項選擇有得有失，職業婦女轉做家庭主婦，老實說，算是「轉職」的一種，只是兩份工作的收入、KPI、壓力不同而已。如同每次換工作，除了情感上的考量，也必須做好周全的理智分析。畢竟，中年轉職有很大的風險，家庭主婦這份工作更不是簡簡單單用同一招「老娘不幹了，所以我最大！」就可以走人了事的。

在將心中的衝動化為行動之前，請認真思考以下三件事。若結果都還是直指「離職」這個選擇，歡迎繼續跑公司的離職流程。

誠實面對自己

●首先，問自己：「我是不是這塊料？」

全職家庭主婦不是個簡單活，如果你跟我一樣是家務白癡，每次洗碗、洗衣服、摺衣服，甚至打掃後，老公會摸著碗嘆氣或默默坐在床頭重摺衣服，婆婆會對著地板無言三條線，那麼我建議你再考慮一下吧！家務通常是家庭主婦的主要KPI，領不到老公給的年終獎金還算事小，家人生活在髒亂中，你生活在挫敗感中，事情可就嚴重了。

還有，若你天生缺乏源源不絕的母愛與耐心，怒氣與不耐煩卻很氾濫，對小孩教養沒有時間深入研究，跟孩子相處整整四十八個小時後只想掐死自己，星期一上班時反而覺得人生充滿希望，陽光非常燦爛，連枝頭小鳥好像都在為你歌唱，那麼，我建議你慎重考慮。認真思考三秒，客觀評估，人生會更美好。

我相信「工作時是人才，下班變蠢材」的狀況不只我一個人有，應該也不只有我，開口說出「乾脆我離職當家庭主婦好了！」的時候，會被身旁所有同事與親友白眼加譏笑，對吧？

●再來，問自己：「我是不是在逃避？」

這個問題只有自己知道是否誠實作答，但有時候也會自欺欺人到完全被自己騙倒，這後果就有點嚴重了。所以，請務必誠實面對自己，畢竟這是你的人生。

工作不順遂時，家庭當然是永遠的避風港；可是若打算把船駛入港後，再也不開出來，那麼最好先確認自己的動機是否單純。

老闆不賞識？工作遇到瓶頸？同事間相處不愉快？怕努力付出了卻依然被貼上「重心擺在家庭」的標籤？怕爭輸了主管晉升？此時剛好有個下台階，不趁勢而下還待何時？

如果真的是這樣，或許你需要的是換份更好的工作、更尊重女性的老闆、更能讓你發揮才能的產業。全職家庭主婦不一定是最適合你的舞台。換工作，要因為「下一份工作更好」而換，不要因為「這份工作不夠好」而換。

●最後，別忘了問自己：「我是不是因為有愧疚感？」

身為職業婦女的你，是否因為沒有無時無刻陪伴小孩而感到愧疚？你認為孩子三歲前最需要媽媽的陪伴，媽媽全天候的照顧完勝最好的保母，由媽媽帶大的小孩會更貼心、更聰明、更美麗……，但這是真的嗎？

哈佛商學院的研究指出：「媽媽是職業婦女的女孩，成年後進入職場成為主管的比率以及平均年收入，都會比媽媽是家庭主婦的女孩還要高；媽媽是職業婦女的男孩，則於成年後更願意分擔家務與照顧小孩。」而且我相信，媽媽若是職業婦女，小孩更可以了解兩性平權的價值，這是一種可貴且無法取代的身教。

誠懇面對另一半

老公有可能是你最有力的神援手，但也有可能是拖你下水的豬隊友。既然結婚、生小孩都要經過兩人協議，轉職做家庭主婦這件事情，當然也得要雙方達成共識才行。如果不顧老公的意願，只是任性的說：「我不管！我不管！我不想上班了，你養我！」這樣在未來日子裡不爭吵的可能性，微乎其微。

你的另一半是否有單獨承擔家中開支的能力？是否願意在下班後分擔家務，讓你能休息一下喘口氣？是否需要你每日煮三餐？若你生病無法照料小孩，他是否可以請假幫忙？

所有的問題，都需要開誠布公的討論，確認雙方意願，避免日後淚眼怒目相對。傷害夫妻感情，就是傷害家庭根本，若是這樣，原本為了支持家庭而轉職的意義又何在呢？

考量隱藏成本

分析收入與支出，當然是轉職家庭主婦與否的重要關鍵。若家庭在財務上一定要雙薪才能支撐，轉職的考量根本就不會擺上檯面討論。而我想特別提出的是「隱藏成本」。

現今社會女性都較晚結婚生子，有可能產後的年齡剛好是在職場上最有生產力的黃金時期，也正是衝刺的好時機。在生完小孩的當下，即便薪水入不敷出，並不代表日後的收入不會水漲船高。

舉我自己為例，我第一胎產後的薪水，僅能負擔自己的生活支出與育兒費用，若當下辭職帶小孩，可以說是划算的選擇。但我選擇繼續在職場上拚搏，用熱血與熱情闖出些名堂，幾年過後，薪水翻了好幾倍。現在的收入養育一兒一女相當充裕，也不用太擔心未來的教育費用，更無需承擔先前中斷職場經歷，等小孩上學後婦女二度就業的風險。現在回頭看，我的選擇或許才是比較划算的決定。

千萬要記得，隱藏成本不只金錢，還有自尊、情緒平衡、自我認同等許多面向。如果當家庭主婦會讓人痛苦於跟老公伸手拿生活費，甚至迷失自我，那麼在此有個重要提醒：有快樂的媽媽才有快樂的小孩。或許選擇走讓自己快樂的道路，對孩子才是最好的。

若是已經客觀審慎思考過以上三件事，做了周全的考量，最後勇敢選擇轉職家庭主婦，當然再好不過。但請務必記得這是「你的選擇」，即便是基於環境壓力、財務、親情等任何理由，心不甘情不願做了這個決定，它依然是自己的選擇。將來請盡量不要向小孩抱怨：「你知道老娘為了你們，放棄了多棒的職涯發展嗎？」這就像是「跟老公抱怨你為了他放棄前男友」「跟現任老闆抱怨你為了他放棄前一份工作」一樣，只是情緒發洩而已，千萬別忽略更重要的是：沒有小孩會樂意接受自己的成長或任何成就，來自於媽媽犧牲了她的人生。

所以，請深思後，選你所愛，愛你所選。

進階筆記

★辭去工作當全職家庭主婦也是「轉職」，務必要經過審慎評估。

★誠實面對自己，確認能力和耐心，檢視動機，也不要因為愧疚而做出選擇。

★另一半是你的隊友，因此在做出大幅改變家庭分工的決定前，雙方要達成共識。

★自尊、情緒平衡、自我認同等「隱藏成本」也應納入考量，別忘了：有快樂的媽媽，才會有快樂的小孩與家庭。

★做出了選擇，請重視並尊重自己所選。

05

你有能力談「取捨」嗎？

職場上我很常「取」，但在家庭中卻時常在「捨」，我認為自己很會工作，卻不太會當媽媽。許多人說：「生了小孩，自然就會當媽媽了！」但我常在想，如果媽媽這份工作有場面試，我女兒會錄取我嗎？

近幾年常聽到大家談「取捨」這個議題，許多人說：「取捨是一種選擇」，但是我覺得有能力的人，才有資格談「選擇」，比如說找工作。

約莫前年年底，我剛結束連鎖健身房行銷長的工作合約，完成階段性任務。這份職務讓我長期處於高壓、高強度的工作狀況，心想好不容易可以休息一下，給自己一個難得的長假期。殊不知我「失業」的消息不慎走漏，都還沒開始找工作，就被獵人頭公司與各大企業「通緝」，安排了一場又一場的面試，跟各大企業的總經理們談市場分析、談行銷策略布局，著實跟我想像中的短期休假有很大的落差。

就在我得到幾個知名企業的錄取通知，不想要再面試的時候，我爸打電話給我，遲疑小聲的說：「欸，我很擔心耶……你找得到工作嗎？」

我媽在電話那頭就比較大聲一點了：「我早就跟你說過了吧！如果找不到工作，就去考高普考，當公務員才不會像你現在這樣失業！」

老實說，我有一種跟我爸媽活在平行時空的感覺。

我爸媽都是公務員，一輩子求的就是安全、穩定、沒風險。我在講師這條路上的老師謝文憲（憲哥），寫了本《人生準備40％就衝了！》。我忍不住想，就算給我爸媽兩倍勝率到百分之八十左右，他們大概也不會向前衝吧？

仔細回想起來，我大學畢業了幾年，我媽就試圖說服我去考公務員了幾年。這些年來，我的薪水與頭銜節節上升，我媽的勸說節節敗退，但依然不死心的她甚至說過：「要不然……叫你老公去考公務員好了，兩個人總要有一個人工作是穩定的吧？」搞得我哭笑不得。

穩定，是我爸媽人生第一指導原則。穩定，就不用常常逼自己去做「不會做」的事情，不需要自我為難，不需要冒風險。

這樣的家庭教育，對我其實有蠻大的影響。一直以來，我都不太喜歡處於「不會」的狀態，我喜歡重複做我會的事情，有意識的持續增強「我會」的能力，讓我在職場上立於不敗之地。

媽媽這份工作的面試會如何？

我在科技業累積了十多年的國際行銷經驗，這些寶貴經驗讓我接到不少大企業的聘僱邀請。不論他們是請我去帶領台灣行銷團隊或是擔任歐洲區行銷主管，都是因為他們看上了「我會做什麼」。

這就是「取」，取就是「拿」。我用我會的能力，去拿我還沒擁有而且想要的東西，例如漂亮的頭銜、不錯的薪水。

那什麼是「捨」？捨就是「給」，在自願或是沒有能力保留的情況下，把自己擁有的東西「給」出去。例如給出自己的時間、體力、金錢，甚至是工作機會，這就是一種「捨」。

誰最會捨？媽媽最會捨。

我在職場上很常「取」，但我在家庭中卻很常「捨」；我很會工作，卻不太會當媽媽。

很多人說：「生了小孩，你自然就會當媽媽了！」我都覺得，那是因為他們沒當過我女兒的媽媽。

我女兒從小就過人的聰明，四歲會二位數加法，六歲就幾乎認識所有中文字，但同時，她也擁有過人的激烈情緒，她經常性的情緒崩潰，哭鬧起來沒有一個小時停不下來。這幾年來，我們家最常見的狀況是：她在她房間哭，我也在我房間哭。

我曾經帶她去上雲門舞集的課程，想讓她透過律動釋放情緒。她很喜歡老師，也會開開心心的跟著大家跳舞，卻會毫無預警的在下一秒躺到教室角落，自己跟自己生氣。過了一年，情況沒有好轉，只好先停課，最後老師問我：「媽媽，孩子的情緒會這樣……是不是家裡有什麼狀況？」原來，我們被誤認為是問題家庭了呢。

等到女兒上了小學之後，她的自我控制能力好像更糟了。她會蹲在教室桌子底下一整節課，還會上課上到一半直接躺地上，甚至突然站起來繞著教室走，全班都在打掃的時候，她就坐在教室中間動也不動。老師曾打電話詢問我：「媽媽，孩子好像不太適合在體制內的學校就讀，你要不要考慮讓她轉學？」

這一切的一切，讓我有極深的挫折感，我是不是只會工作，不會當媽媽？

我常在想，如果媽媽這份工作有面試，我大概只能跟面試官細數著我的失敗經驗，跟他說我不會這個，也不會那個。

不用什麼都會，只要肯面對

去年十一月十一日，光棍節，也是我當時接受的最後一場面試。面試的公司是我完全沒有經驗的教育產業，也是我從沒接觸過的遊戲產品，我甚至不知道他們為什麼找我，面試到了尾聲，我不好意思的對營運長說：「老實說，我今天是來說明自己無法接下這份工作的，因為你們要做的所有事情，我都不會。」

出乎我意料之外的，營運長竟然拍手大笑，他說：「太好了！我就要你什麼都不會。你就算會什麼，都把它們忘光光，這樣才會有想像力。」

當下我非常的震撼，第一次有公司看上我的，竟然不是我的「會」，而是我的「不會」。

最後，營運長的一句話讓我接下了職務，無關年薪，無關頭銜與權力。他說：「在我們這種沒有人嘗試過的新創產業，我不要你什麼都會，我只要你肯面對。」

在我那追求穩定的家庭教育下，我一直以為「我不會」的狀態，是很罪惡的。我一直以為我要很「會」，才可以一直「取」，如果「不會」，就只能一直「捨」。

如果，媽媽這份工作有面試，女兒知道了我什麼都不會，還會錄取我嗎？

在接下新工作的那個星期，我終於決定帶女兒去看心理醫師，開始接受專業醫療協助。幾個月下來，她的狀況越來越好，我們的衝突越來越少。我又接到老師的電話，這次老師卻是問：「媽媽，請問你帶她去看哪個醫生？我也想推薦我朋友帶兒子去看。」這應該也算是老師的肯定吧？

加入這個陌生產業的新創團隊後，我每天都在做我「不會」的事情。不論是在公司或是在家裡，我每天都要面對滿滿的挫折、罪惡感、愧疚感。

但在取捨之間，我終於學會了：「我不用什麼都會，我只要肯面對。」

進階筆記

★取就是「拿」，用我會的能力，去拿我想要的東西；「捨」就是「給」，在自願或沒有能力保留的的情況下，把自己擁有的東西「給」出去。而最會「捨」的人就是媽媽了！

★一直以為「不會」的狀態是罪惡的，彷佛一定要「很會」，才可以一直「取」，如果「不會」，就只能一直「捨」。然而，我們不用什麼都會，重要的是肯面對！

★媽媽的工作如果有面試，會是什麼情況？兒女並不需要什麼都會的媽媽。肯面對的人生，才能成長無限、創新無限。

06

當你的時間不是你的時間……

小孩總愛在關鍵時刻變得慢吞吞，甚至越催動作越慢，讓永遠在趕時間的媽媽得不停磨練神經的耐受度，深怕一不小心就全扯斷了！

我算是一個很急躁的人，待辦事項永遠長到看不到盡頭，每個當下都有三、五件事情急著做完。所以我連走路步調都比旁人還快，和一群朋友同事走在一起時，我通常很難跟著大家的步伐緩緩前進，總是快步的走在隊伍最前端。這樣像無敵風火輪瘋狂轉動的我，很容易被小孩慢吞吞的悠閒動作扯斷神經。

Showing 尤其拖拖拉拉，我越催她就越慢。她特別喜歡挑戰既定行程的時間，晚上八點半洗澡，九點半上床睡覺，早上七點起床，明明白白的規定，已經執行多年，她就偏偏愛在前五分鐘找事做，尤其是那種不讓人中斷的事。如果你去中斷她，她就說你不尊重她；你急得發火，她越是拖得自在。

於是，我們倆就很常出現這樣的對話。

「快一點！現在，馬上。我還有很多事情要做。」

「你不要催！你越催我越不想做！」

永遠在趕時間的媽媽，每天都在磨練神經的耐受度，深怕一不小心就全扯斷了。

大人的時間vs.小孩的時間

不記得從哪裡聽到過這樣一句話：「不要一直催小孩子快快快，他們就是沒辦法配合像大人一樣快。因為，他們的時間，是拿來體驗生活的，而大人的時間，是拿來討生活的。」

聽到這句話的當下，我就像是腦門被狠狠捶了一記。

是啊，小時候覺得時間流動的好緩慢，不用著急些什麼，也不用害怕時間不夠。蹲在路邊細看蝸牛爬上樹幹，好像可以不慌不忙的看上一整個早上；跟姊妹吵架，可以躲到房間的角落嘔氣一整個下午，不用急著要和好，好似有一輩子的時間可以跟她們耗。

小時候的時間，真的就是拿來體驗生活的。用來細看地上磁磚，在腦中把它們兩兩拼在一起，再四個、六個、八個一數，如果某些磁磚裂了個角，某些磁磚多了些紋路，在我小小的腦袋中，這片地磚就會幻化成一幅奇幻畫作。

這時候若是爸媽忍不住喝斥：「你在發什麼呆？快點過來，來不及了！」我肯定會覺得大人的世界好無聊，永遠只有趕趕趕，都看不到地磚上千奇百妙的變化。

小時候我最常被爸爸罵「吃飯慢」，那時候一口飯菜可以含好久，感受軟的、硬的、黏的、鬆的食物，以各種型態與質地在我嘴巴中滑動。飯在嘴裡久了會變甜，甜的食物則會發酸，非常有趣。我常常這樣咀嚼著食物，神智不知道雲遊到哪裡去，通常都是在爸爸的吼聲下拉回心神，看到他氣急敗壞的表情，不懂我為什麼吃一頓飯要這麼久，他還有好多事情要去做。

然而從什麼時候開始，氣急敗壞的人變成我，有好多事情要去做的人變成我，不能好好感受食物在嘴巴裡的滋味的人，也變成了我？

我這才想清楚，小孩的時間是用來體驗生活的，大人的時間是用來討生活的；小孩的時間是用來提出問題的，大人的時間是用來解決問題的。

不同的人生階段，時間的價值本來就不一樣。

時間不能管理，只能利用

幾年前我轉換職場跑道之後，在公司擔任業務行銷副總；在家裡是兩個小孩子的媽；在網路上是部落客、專欄作家。由於原本就喜歡運動，為了在繁忙的生活中找到出口、維持健康，我也督促自己每天運動。後來我還多了另一個身分：職場講師，第一次公開班授課的主題就是「高效資源管理」。

我在課堂上強調：時間不能管理，只能利用。

每個人一天都只有二十四小時，如果想有非常好的產出，不是要去管理時間，而是要管理自己；時間不是拿來管理的，而是拿來高效運用的。每個人生階段，時間對我們的意義都不一樣。根據人生經驗，以十年為一單位，運用時間的方式有著「起、承、轉、合」。

●起——小孩的時間用來體驗世界

十歲以前，小孩不該端坐在螢幕前看什麼腦部開發DVD，他們的時間應該用來體驗生活、接觸世界，多多嘗試錯誤，從中學習與成長。如果不讓孩子去體驗，並用他自己的方式理解身旁的人、事、物，等他再大一點，就沒有足夠的生活體驗去創造與連結。

●承——青少年的時間用來了解自己

十幾歲的青少年繼續體驗生活，但他們接觸世界的方式轉變了。他們理解外在世界的結構與體制，思考自己存在的意義，探索對抗世界的能力，並在與同儕的互動中，認識自己的情緒、對他人的影響力。透過更深入的體驗世界，也更深刻的了解自己。

●轉——社會新鮮人的時間用來創造

那二十幾歲的社會新鮮人呢？他們對自己、對世界有了基本的認知，進入社會之後，他們開始有產出，將時間轉換成報酬。在這個階段，時間就是年輕人最大的資源，在積極「用時間換取金錢」的同時，更要利用時間「加值」自己，提高價值。他們投身世界，服務社會，運用所得繼續努力成長。

●合——連結人脈與經驗，試圖改變世界

進入三十歲之後，基於過去精實的運用時間充實自己，擁有了足夠的核心能力做更大的貢獻，加上擴展的人脈與知識快速連結，可以分享經驗給新一代的社會新鮮人，同時提升管理以及教學能力。我們不再只是單純的體驗、迎合這世界，也開始用自己的力量試圖去改變世界。

接下來幾個十年呢？四、五十歲時，是否會學著跟世界妥協？六、七十幾歲的時間運用呢？是否又回歸到好好「體驗」這世界？雖然充滿未知，但我很期待每個階段的變化。

無論如何，現在我學會了停止抱怨「小孩總是不把我的時間當時間」，因為時間對於大人與小孩的價值本來就不一樣。今天的我們之所以有能力討生活，是因為小時候的我們用時間來體驗生活；今天的我們之所以有能力解決問題，是因為小時候的我們提出各式各樣的問題，並去探尋解答。

身為父母，我們陪伴孩子體驗這世界，再次獲得機會與孩子共同成長。「教導」就是最好的「學習」，透過孩子的角度，我們也重新深入了解這世界。

因為小孩體驗這世界的步調較慢，我也學著不催促，少點急躁。

我會更常對孩子說那句好友「仙女老師」余懷瑾在 TEDxTaipei 年會時分享的動人話語：「慢慢來，我等你。」

進階筆記

★在每個階段，時間的意義與價值不同。小時候，時間是用來體驗生活的；長大後，時間更多是用來討生活的。

★做事要有效率，不是去管理時間，而是管理自己。時間不能管理，但可以高效運用。

★人生運用時間的方式有「起、承、轉、合」：小孩的時間用來體驗世界、青少年的時間用來了解自己、社會新鮮人的時間用來創造、成熟工作者連結人脈與經驗，試圖改變世界。

★跟孩子共同成長，少點急躁，從他們的角度重新體驗世界。

07

知道為什麼而活，更可以享受生活

孩子突然發燒，但下午有個關鍵會議，晚上還要出差並準備明天一整天的重要活動。於是迅速危機處理，在家以視訊方式參與會議，連客戶都忍不住關心。是啊，雖然我很辛苦，卻一點也不「心苦」唷……

星期一早上，我準備好要迎接這週的全新挑戰。我先打點好自己，正準備去叫兒子小乖起床，他就拉開了房間門，搖搖晃晃的走向我。

他懶懶的開口：「媽媽，我好冷，幫我穿多一點。」接住了撲在我身上的小乖，全身熱烘烘的，頭髮早已汗濕。我腦中的媽媽警鈴大響，小孩發燒了。

第一時間翻出體溫計，三十八點五度。診所還要一小時才會開，先餵孩子喝了退燒藥，看起來今天我們兩人都別想上班、上學了，我立刻傳訊息給老師請假，再傳訊息給老闆與同仁告知狀況。

我手腳俐落的處理小孩的發燒狀況，腦中也轉個不停。下午有個關鍵會議，今晚原訂要出差外宿，明天有一整天的重要活動必須參與，怎麼安排、如何調度都必須在短時間內做出決定。我傳訊息給同仁，下午同步安排視訊會議讓我上線參與，出差牽涉到客戶端的活動，我必須以合作方副總身分參與，沒有調動空間，看來只能等池先生下班交接後再火速出門了。

小乖因為生病特別愛撒嬌，堅持黏在我身上休息，所以接下來整天我幾乎都維持同一個姿勢：坐在椅子上、身上趴著熱烘烘的小乖、面前放著筆電，雙手沒停下來的回訊息、做報告、接電話、參與視訊會議。會議中，小乖還突然醒來跟客戶主管打招呼，招來一陣笑聲。

合作已久的客戶對我的印象大概是俐落果斷的女強人，很少看到我的「媽媽型態」，驚訝佩服的直說：「Eva，你辛苦了！」我笑笑的點頭，繼續議定重要合約內容。

是啊，很辛苦，但不「心苦」。

「一個人知道自己為什麼而活，就可以忍受任何一種生活。」

——尼采

這句話在不同時刻看到，會有不同的感受。由不同人分享，也會有不同的意義。在臉書上很常看到創業的朋友們分享這句話，輕描淡寫之中，卻能感受到他們心中那股難以言喻的創業之苦，以及追求夢想的熱血。

我覺得用這句話形容犧牲奉獻的媽媽們，再恰當不過。

從小到大看過也聽過太多歌頌母親的文章、詞曲、電影、小說，各種形式的讚頌，我懷疑為之動容的會是被呵護照顧的小孩，還是一路苦過來因而感受深刻的媽媽們？至少，我年少時在閱讀胡適先生寫的〈母親的教誨〉時，只覺得用舌頭試圖舔去眼翳病，也太不衛生了吧！但若你曾經徹夜未眠，照顧著高燒不退又吐的滿床都是的孩子時，你會完全理解胡適母親的著急與不顧一切。

新時代媽媽好辛苦

很多人都說現代女性很辛苦，能力越強、責任越重。同樣受高等教育，擁有相同經歷，但在工作上，女性會因為結婚、生小孩而被低估能力，只是因為主管認為女性會較男性重視家庭，而較不認真工作。

而且，現今社會的工作普遍工時長、壓力大，女性要照料的家務卻沒有因此減輕。社會競爭激烈，少子化的趨勢讓孩子的教養益發困難，媽媽們要煩惱的事情越來越多，從保母、學校的挑選、安全保護到飲食健康等，真的需要十八般武藝樣樣精通。

是啊，是啊，我也常常覺得自己好辛苦，職業婦女蠟燭兩頭燒，工作要求表現好，家裡也不能馬虎，「甜蜜的負荷」再甜蜜也還是負荷，當媽媽真的是吃重的任務。

舊時代媽媽不覺得苦

但「辛苦」這玩意兒其實是比較級的。舉例來說，若你的主管是翹腳喝咖啡、只出一張嘴的類型，你就算單單幫他整理一份年度預算報表，也會覺得自己被壓榨的有夠徹底、工作壓力很大、上班無敵辛苦；但若你的主管是苦幹實幹、親力親為、永遠跑在前頭，團隊不離開辦公室前他絕不撤退的類型，你大抵再累也不覺得苦、再苦也不敢抱怨，因為你辛苦不贏人家嘛！

雖然我平常愛抱怨又忙又累，但其實我覺得自己已經是很幸福的媽媽了，工作算是順遂，家裡有公婆幫忙打點小孩，爸媽也隨時願意出手救援，忙碌之餘我還有時間追求自我興趣，經營個不大不小的粉絲頁。在我媽那一代，哪有這麼好的事情？

我媽也是個職業婦女，大學畢業，教育程度不算低，工作表現優異，同樣是個女主管。因為嫁進一個大家庭，薪水全部要上繳，領著公婆發的零用金，辛苦的養育四個小孩，還堅持每個小孩都要學遍各種才藝，讀最好的學校，省吃儉用攢著錢替小孩買鋼琴，說是學琴的孩子不會變壞。

除了辛苦工作，中午還得趕回家一趟餵小孩，晚上趕回家煮飯，煮完請嚴謹的公婆上桌，要等到全家都吃完後負責洗碗、刷鍋。洗衣打掃更不用說，我一層三房兩廳的公寓打掃起來就快哭天喊地了，我不知道我媽一個人怎麼有辦法整理獨棟四層樓的大家庭老屋。假日我常發懶，吵著要休息補眠，但我記得我爸媽幾乎每個週末都帶小孩出門接觸大自然，偶爾要到公司加班，也帶著小孩一起行動。

難怪我每次發牢騷抱怨我好累、好辛苦，我媽就會一副我戲演很足的樣子，接下來唸我抗壓性低弱。想想也是，我媽那個年代流行的連續劇是《阿信》；我的年代火紅的偶像劇是《來自星星的你》。歌詠著「阿信」的世代，對上了羨慕「千頌伊」的世代，難怪會覺得一代不如一代。

但老話一句，辛苦這玩意兒其實是比較級的。比起單身自在的ＯＬ，我們這些嚴重睡眠不足、肩擔雙薪家庭壓力、工作忙了一整天後回家要做家事、照顧小孩的媽媽，還是天殺的非常辛苦。

單身女子也許不懂為什麼媽媽聚在一起，就有聊不完的媽媽經。很簡單啊，就像男人聚在一起就會聊當兵的事蹟一樣，那種苦過來的驕傲感，不足為外人道，但自己人就可以拚命講。

當了媽之後抱怨歸抱怨，為什麼儘管這麼苦，還是很甘之如飴呢？我想尼采的那句名言就說明了一切——一個人知道自己為什麼而活，就可以忍受任何一種生活。而且，還可以享受當下的生活呢！

進階筆記

★職場女性彷彿兩頭燒的蠟燭，工作要求表現好，家裡也不能馬虎，真的需要十八般武藝樣樣精通。

★現今社會普遍工時長、壓力大，女性照料家務的擔子卻沒有減輕，媽媽們要煩惱的事情越來越多，真的好辛苦。然而，「辛苦」其實是比較出來的！

★為什麼媽媽們相聚總有聊不完的媽媽經？因為那種苦過來的驕傲感只有過來人最明白。

★職場女性這麼辛苦，為何還能甘之如飴呢？為了成長中的兒女、一手打造的家庭、帶來成就感的工作，以及自己選擇的人生道路——一個人知道自己為什麼而活，就可以忍受並且享受生活！

08
阻止你前進的，是毫無必要的恐懼

恐懼是一種自己嚇自己的情緒，完全沒有必要存在。怕，會怎樣？不怕，會怎樣？誰說你一定要害怕？又是誰規定你不能害怕？恐懼的來源會不會就只是因為自己「想恐懼」呢？

農曆年後，正值工作上的轉職異動潮，我在「女人進階 To be a better me」粉絲團收到不少版友來訊提問。其中，有位年輕版友已在半年內二度來訊。

半年前她來訊表示，對於「業務」這個「女生可能不適合」的工作正在觀望中。

「Eva 您好，不好意思耽誤您時間，有個問題想請教。我從去年畢業至今工作一年了，主要是擔任業務助理，也需要跟隨業務外出應酬，已算完整接觸了業務的工作內容，差別在於我不需要承受業績壓力。

我對於做業務這件事有抗拒，甚至有時候會猶豫自己也許不適合。我並非相關科系出身，在從事業務工作時，心裡總免不了覺得自己做的不夠好，處理事情經驗不足。

我想請問 Eva，對於女生當業務這件事，您的看法是什麼？可以給菜鳥業務新鮮人什麼建議呢？」

當時我自己正經歷巨大的職務移轉，正巧也是從行銷轉業務，幸也不幸的是我根本沒有時間猶豫遲疑，但我當然花了些許時間自我說服。

當時我閱讀了《創客創業導師程天縱的經營學》，程先生在他要從「受大家尊敬的專業工程師」，轉任「大家刻板印象中靠一張嘴的銷售人員」時，自己與家人都有過抗拒與掙扎。但是他轉念後發現，許多成功的經營者都是在職涯發展過程轉任銷售工作，因此具備了「影響別人的能力」、「傳達價值的能力」以及「分析理解產品成本與公司營收狀況的能力」這些寶貴的職能。

我除了跟版友分享書本的內容，也勸她有機會當業務就去嘗試看看，因為業務能力正是經營事業的核心。而年輕的她身為業務菜鳥是幸運的，還有些犯錯學習的空間，只要願意勇敢嘗試、坦然面對錯誤，並細心處理手頭上所有的事務，肯花時間、肯花精力就會有所成長，重點是：千萬別怕下功夫。

恐懼是人類的求生本能

過了半年，再次收到她的來訊，這次的訊息中充滿她對未來的恐懼。

「Eva 您好，我將在今年從業務助理角色，轉換成另一個部門的業務。其實我的內心明顯感到恐懼害怕，還有強烈的沒自信。

主要是因為我對自己的口語表達能力沒有信心，加上業務經驗不夠豐富，不懂如何與客戶應對進退、不懂什麼是真正的交涉、如何了解客戶的話中話、怎樣與原廠及客戶談判協商……，這一切的一切對我來說都是全新且陌生的！我即將踏入那未知的領域，必定會讓自己身心負荷加重，例如可預見的早出晚歸以及必要的應酬……，Eva，我該如何給自己信心，打敗內心的恐懼？如何調適自己目前的擔憂呢？」

收到這封信時，我已經忙到連續好幾天都只吃一、兩餐，每天只睡四、五個小時，晚上還有報告要趕。若有十五分鐘可用，我很希望可以拿來補眠或趕工，而非上網回訊。

但我發現，這女孩面臨的困擾，很明顯已經不僅僅是對自己的懷疑、對職務內容的疑慮而已，我很希望能幫助她解開這以「恐懼」為枷鎖的牢籠。

於是，我誠懇的回覆了以下訊息：「去年你來訊時，我除了行銷總監的身分外，還被公司要求接下整個業務團隊。我從來沒有業務的經驗，十幾年來都只做行銷相關工作，更不要說『帶領業務團隊的經驗』了。

我從一份份合約開始看、一家家客戶勤著跑，這半年下來，平均每天工作十五個小時。這樣劇烈的改變真的十分辛苦，我不知道人後大哭了幾次。但我不恐懼，因為團隊需要我，公司需要我，客戶需要我。

我也不懂議價、不懂談判，但我懂得什麼叫作『服務客戶』，幫客戶達成他們的目標，並且幫公司守住業績與品牌。技巧、方法多學多問就好了，沒人規定我要無師自通，馬上就會全部的事情。我用最基本的想法去做，那就是『謀求我與客戶最大的利益』，這很難嗎？不難，這是一種心態。心態對了就對了。

恐懼是一種自己嚇自己的情緒，完全沒有必要存在。怕，會怎樣？不怕，會怎樣？誰規定你要怕？誰規定你不能怕？

想通之後，你就會知道，恐懼的來源，就只是因為自己『想恐懼』罷了。」

恐懼，來自遠古時代人類的求生本能。

那時候的人類與動物生活在同一個空間，隨時都要提高警覺，避免動物的襲擊。若有任何一點點風吹草動，人類都會直覺產生恐懼，隨時要準備戰鬥或逃亡，因為草堆裡面藏匿的很有可能就是兇猛的野獸。

但在今天這個衣食無虞的現代社會中，大多的恐懼都是不必要的。恐懼通常是來自於「想像中的危險」。

想像自己可能會遇到的失敗、想像別人對自己的指指點點、想像上司或客戶對自己的斥責與處罰……，全部都是還沒發生過的事情！全部都是空想！就像這位來訊的女孩一樣，她「害怕自己沒有能力應付新職位」「擔心自己不熟悉新的工作生活型態」。

想想看，在遭遇到失敗跟挫折之前，一步都還沒有踏出去，連迎戰的機會都沒有，就快被自己的想像給嚇死了，這是一件多麼不划算的事情啊！

透過「勇敢」克服恐懼

人類很難不恐懼，不恐懼是一種「反人性」的反應，但「勇敢」卻可以壓制恐懼。

我責無旁貸的接下業務副總的職位時，驅使我忽略恐懼的動力大概就是「勇敢」吧？當時的勇敢來自於一種想保護他人的責任感，想要讓主管、同仁與客戶安心。那時的我，比起懷疑自己不夠格的恐懼，我更擔心徬徨的同仁無人帶領。

恐懼與勇敢，兩種情緒都是自發的，恐懼會削減力量，勇敢則會增強力量。恐懼，是因為只看到自己，從自己的角度出發看事情；而勇敢，則是因為看到別人，從需要自己的那群人的角度出發看事情。

擔任過幾個公司的主管，之前的同仁都不約而同暱稱我「媽咪」。認真想想，這些年促使我忽略恐懼，一直向前奔跑的勇敢，似乎有種莫名的熟悉感……

那種勇敢，或許就是「母性」。

進階筆記

★恐懼是一種自己嚇自己的情緒，而它的來源，只是因為自己「想恐懼」。在現代社會中，大多的恐懼都沒必要，通常只是「想像的危險」。

★人類很難不恐懼，但「勇敢」可以壓制恐懼。

★恐懼與勇敢，兩種情緒都是自發的。恐懼，是從自己的角度出發看事情；而勇敢，則是從需要自己的人的角度出發看事情。

★當了媽媽後我知道，「母性」讓人變得更勇敢。

09 阿嬤的故事

阿嬤的故事，我們聽著只需幾分鐘，她卻走了一輩子。你永遠無法衡量女人的毅力與決心。若僅僅為了自己，她或許可以軟弱；但若為了孩子，她可以面對洪水猛獸。

我準備好迎接金豬年了，這是我需要安太歲的本命年。狗年年底事務驚人的繁忙，並沒有因為年節假期將近而稍緩。我一路忙到上班最後一天都還在趕簡報、趕提案、趕著跟客戶確認年後的專案時程，一刻也不得閒。

年假第一天早上，我抓緊時間安排阿虎的住宿。這隻從手掌大就開始餵奶養著的貓咪，轉眼也快十五歲了，讓牠年假期間待在貓旅館，牠舒服我也安心。安置好阿虎，我再趕忙帶著幾個裝滿紅色衣服的行李箱、大大小小的禮盒，跟著池先生大包小包的拎著兩個小孩，直奔高雄婆家。

台灣高鐵十分方便，一個半小時，準時抵達。雖說很難稱得上舟車勞頓，但一路也是一邊忙著回信給客戶們，一邊忙著喝止吵架的兩個小孩。還要在斷斷續續的訊號中，播打幾通確認重要訊息的電話，媽媽根本就是千手觀音的化身。

回到高雄，安置好行李，首要任務就是帶小孩去跟家族的大家長，也就是池先生的阿嬤請安。

九十三歲的阿嬤在去年過年時，還能健朗的走動，親自料理汕頭炒麵、梅子鴨肉湯，讓全家一飽口福。但今年阿嬤因為跌倒，又患了感冒，僅能半斜躺在床上歇息。

每次見阿嬤，我都會拉著池先生在身邊，因為阿嬤說的是汕頭話，雖然與台語很相似，但我只能半猜半矇出八分意思。

每當阿嬤對我笑著舉起大拇指說：「阿婷你生的真水！」意思就是那時我胖到很肥美，阿嬤真心覺得我健康無虞。

若阿嬤說：「阿婷你太瘦，安捏太醜！」我就差不多符合台北街頭女性身形的低標了。

阿嬤對池先生也採相同標準，只要他被誇獎「看起來金健康」，我就會忍不住的笑出聲，池先生的臉色會有點綠，然後在接下來的幾天嚴格控制飲食。

圍爐話當年

隔一天就是除夕了。身體有些不適的阿嬤，被公公攙扶到年夜飯的餐桌旁入座，陪著全家人吃年夜飯。公公向來非常孝順，時時刻刻將阿嬤掛念在心頭，擔心阿嬤吃不飽、穿不暖，沒事就會守候在阿嬤身邊溫聲問候。

今年過年，阿嬤與前幾年有些不同，問過的問題，三分鐘後會再問一次，而且開始斷斷續續的憶起當年。很久很久以前的當年，約莫七十年前的「當年」。

「那時候，你爸爸才五歲。」阿嬤沒頭沒腦的開口，「搭車時他一直提醒我要小心走好，非常乖。」一家人們一臉習以為常，而我則是在大家你一言我一語的補充下，才拼湊出阿嬤驚奇的過去。

一九四五年第二次世界大戰結束，臺灣回歸中華民國。那幾年有許多商人來臺灣找尋做生意的機會，池先生的爺爺就是其中一人。

爺爺在一九四九年從揭陽來到臺灣，卻因為國共內戰無法再回到中國大陸。阿嬤當時懷著身孕，肚子裡揣著的就是池先生的爸爸。一直到孩子出生，阿嬤都因為戰亂跟爺爺分隔兩地。

直到一九五二年，阿嬤拒絕接受命運，不顧家人強力反對，僅靠同鄉會傳遞的薄弱訊息，毅然決然帶著實歲只有三歲多的兒子千里尋夫。

幾分鐘故事裡的漫漫長路

當時兩岸交通狀況十分混亂，阿嬤先帶著兒子搭巴士、走山路，顛簸的從揭陽到了香港，一路上吐了又吐。抵達香港後，靠著同鄉的幫忙與物資接濟，先與兒子蝸居在一間只有一張床大小的房間。房間狹小而克難，一天下來只供水兩小時，好比難民營。母子就這樣熬了整整一年，等待著適合的時機再啟程。

一年後，終於申請到依親，也排到了船班，阿嬤帶著孩子搭船抵達基隆，再依著模糊的指示搭上長程車，循線來到高雄港口的同鄉會。

經過漫長的一年，二十七歲的阿嬤終於得償宿願，全家團聚。

「五歲，爸爸那時候只有五歲。看到阿公時，你爸爸躲在身後，問我他是誰。」習慣以虛歲計歲數的阿嬤斜斜的半躺半坐，「我跟他說是阿爸，是阿爸。」

二十三歲的弱女子，懷著身孕，在戰亂中等待著外出商旅的丈夫。苦苦等待了三年，既然丈夫回不來，不如就自己帶著孩子突破戰線，來到丈夫身旁吧！

小姑跟我分享，阿嬤這幾年最常提到的一幕，是當時她爸媽激烈的哭著阻止女兒千里尋夫。畢竟這一去路途遙遙、音訊難尋，誰知道能不能順利抵達？誰又知道能不能跟女兒再次相見？而那一幕，就這樣深深刻畫在阿嬤腦中。

或許阿嬤也想不到，那一別，會經歷兩岸局勢驟變，也成了和父母的最後一別。一直到三十幾年後，才有機會返鄉探親，再度踏上故鄉時，父母早已辭世，而自己也已經成了六十歲的老婦。

這就是阿嬤的故事，我們聽著只需幾分鐘，她卻走了一輩子。

勇敢無極限

你永遠無法衡量女人的毅力與決心。當一位女子成為了母親，連她自己都會被自身激起的堅強毅力而震驚。僅僅為了自己，她或許可以軟弱；但若為了孩子，她可以面對洪水猛獸。

忙碌了一整年，一直沒空好好休息的我，就在喘息了一天後開始感冒，喉嚨痛的連吞口水都會害怕。更要命的是，小乖竟然也跟著發燒，媽媽我除了處理自己還得照料小孩。半夜起來喝水緩解疼痛，摸黑替小乖拉了拉被子，順便測了他的額頭。幸好，燒退了。

腦中還轉著這些天聽到的故事。有時辛苦狼狽到會替自己心疼的我，跟當年的阿嬤比較起來，這些辛苦狼狽根本微不足道吧！

謝謝阿嬤當年的勇敢，成就了過去與現在池家家族的幸福。期許我繼續勇敢，成就我這小家庭現在與未來的幸福。

進階筆記

★女性的堅強與毅力，不可限量，有時連自己都會驚訝不已。

★若僅僅為了自己，女人或許可以軟弱；但若為了孩子與家庭，她可以面對洪水猛獸。

★認識勇敢女性的生命故事，更認識自己。

10 征戰職場，因後盾而強大

一個忙碌的職業婦女，儘管每天有開不完的會、回不完的信、寫不完的報告、出不完的差，如同激烈的戰鬥，但也不能忽略該保衛的孩子們，在分身乏術的情況下，勢必得集結一些強大的「後援」……

幾年前Showing從幼稚園畢業時，我被邀請代表畢業生家長致詞。女兒人生第一次畢業典禮，多麼重要的時刻啊！容易感動的我從頭到尾都在掉眼淚，最後要上台說話時，不只眼眶紅、鼻音重，大概連妝也花了一半。

「大家早安，我是大班Showing的媽媽，現場有很多爸爸、媽媽、阿公、阿嬤，不知道有多少人跟我一樣，是來參加家裡第一個小孩人生第一個畢業典禮的？麻煩舉手一下好嗎？」初上台，我簡單跟現場家長問答互動一下。

果不其然，放眼望過去，台下一半的人都舉手了，看起來也有不少人在擦眼淚、擤鼻涕。

「所以，其實許多人跟我一樣，都是『第一次』。」講著講著我忍不住鼻酸。「我們陪孩子經歷了很多他們的第一次，其實同時也是我們自己的第一次。我們都不大確定，到底怎樣做才是最好的。」

「在這一路摸索的過程中，我們很幸運遇到耐心負責的學校，認識很多很棒的老師，建議我們、陪伴我們。」我真心誠意，滿懷感激。「我本身是一個非常忙碌的職業婦女。每天有開不完的會、回不完的信、寫不完的報告、出不完的差。每天早上，把Showing交給門口接送的老師之後，我就得去戰鬥了。但很棒的是，我沒有太多後顧之憂，因為我知道在學校，女兒鬧脾氣會有人教導她；流汗會有人幫她換衣服；吃飯拖拖拉拉，會有人盯著她；不小心受傷，也會有人帶她去看醫生，並且在第一時間通知我；甚至，如果我不小心加班晚了一點，也會有負責任的老師確保小孩的安全。」

「我覺得『安心』對一個媽媽來說是很重要的。」心安了，媽媽就有力量了！

孩子是母親心中最柔軟的一塊

老實說，Showing 一直都不是個讓人省心的孩子，不管是她自己去找麻煩，還是麻煩主動找上門。

我曾經在公司接到學校打來的緊急電話，老師緊張的告訴我女兒在上直排輪課時，雖然只是坐在地上聊天，卻因為身旁同學互相打鬧推擠，同學跌倒時直排輪鞋好死不死卡到她的手，所以她整片手指甲瞬間被連根扯掉。

老師要我別擔心，已經緊急送她到醫院治療了。趕到醫院的我看到傷口時忍不住頭皮發麻，醫生好心安慰我說：「還好指甲是整片脫落而非只斷一半，傷口照顧起來特別方便，以後長出來的指甲也會比較漂亮。」

在 Showing 上幼稚園之前，她由我婆婆跟我媽輪流照顧。我也曾經在會議中錯過我媽數通來電，會議結束後打回去才知道，一歲多的女兒趁著我媽轉身拉窗簾的那幾秒鐘，將手浸到滾燙的熱茶中，整隻手掌二度燙傷。

接到電話時，我嚇得哭出聲來，整個人六神無主。我媽可是生過四胎的女人，什麼大風大浪沒見過？電話那頭傳來不斷的流水聲，搭著她平穩的語氣：「你不用趕回家，反正也幫不上忙。她已經哭到睡著了，我現在幫她沖水，你妹快到了，她會接著處置傷口，然後開車載我們去急診。」我妹是醫師，待過小兒科不短的時間，在這種緊急狀況下，她的確比我有用多了。

我還記得那天回家時，看到整隻手都被紗布緊實包紮住的小 Showing，我的喉頭緊縮、眼眶發紅。接下來整整一個半月，每天趕著下班帶她去知名診所排隊換藥，那段狼狽歲月讓我印象深刻。

這些，不只是 Showing 的第一次，同時也是我的第一次。她偶爾會拿這些經歷來說嘴，殊不知那時的我是多麼徬徨無措。但很幸運的，這一路我不是一個人摸黑著走過來。

除了這些讓人難以忘懷的重大插曲，還有更多細碎的片段，也都是靠著強大的支援一路撐過來的。

成功職業婦女背後，都有神隊友

所有職業婦女最害怕的事情之一，就是「小孩因故無法上學」。孩子只要發燒三十七度半，就必須請假在家休息，避免在病毒傳染力最強的高燒狀態影響同學們。而且發燒的小孩特別黏媽媽，有時還硬是不肯讓爸爸照顧，媽媽行程就會因此大亂。不重要的會議要立刻延期，重要的會議就抱著小孩在家視訊參與。

但比起發燒，更可怕的就是腸病毒、流感等疾病，小孩必須在家隔離一段時間，爸媽兩人輪流照顧也會顧到瘋掉，確診的瞬間世界簡直天崩地裂。我已經不記得有幾次在小兒科診所打電話給遠在高雄的婆婆求救了，而婆婆總是毫不猶豫的直接問我：「沒問題，你是要把孩子送回高雄，還是我們上台北接？」公婆不知即時拯救了我天崩地裂的世界多少次，可以說比「復仇者聯盟」還更有力呢！

公婆和爸媽都是我火力強大的備援軍，但其他親戚也幫了很多忙。還記得我曾經請了近半年的育嬰假，閒賦在家顧兒子。獵人頭公司不知從何獲得消息，把隱居中的我挖出來，安排了一個令人心動不已的面試。雖然當時想再多休息一陣子，但這份工作不論公司、職稱、薪水都是上上之選，讓我實在忍不住想一探究竟。當時正巧我爸媽和公婆同時有事無法抽身，連池先生都因故無法請假，正打算放棄之際，我姊竟安排在我面試當天飛回台灣，下飛機後直奔我家接手孩子讓我出門面試去。即便我最後沒接下這難得的聘僱邀請，對我姊即時伸出的援手我由衷感謝。

最後，在畢業典禮的台上，我帶著誠摯的謝意說出結語：「一個成功的職業婦女背後，一定有一整組堅強的後盾團隊。謝謝所有的老師，在我忙碌工作的時候，陪 Showing 學習、陪 Showing 成長，讓我當一個安心的媽媽。我相信不只是 Showing，還有今天所有畢業生們都非常幸運能有老師們的教導、幫助。祝福大家，畢業快樂！」

時隔多年，連兒子都快幼稚園畢業了，憶起我當時的致詞內容，依然銘感五內，而這樣的感謝，不只是針對學校的老師們。謝謝我最強大的隊友池先生，謝謝我的公婆、父母、姊妹、小姑以及許多親友，謝謝你們願意成為我戰鬥時最強大的後盾。

心安了，媽媽就有力量了。我征戰職場時，因你們而強大！

進階筆記

★父母會陪孩子們經歷許多「第一次」，同時也是父母自己的「第一次」，沒有人能確定到底怎樣做才是最好的，只能勇敢的從做中學。

★一個成功的職業婦女背後，一定有堅強的後盾團隊。從另一半、公婆、父母，甚至是其他親友，到學校的老師們，媽媽靠著這些強大的支援而能一路過關斬將。

★心安了，媽媽就有力量了，並憑著這股力量勇敢征戰職場！

PART 2

勇敢創造工作與家庭的平衡法

11 小孩會帶財？係金耶！

第一次聽到長輩說「放心，小孩會自己帶財」時，簡直傻眼，甚至有點生氣，覺得是不負責任的說法，等於要年輕人看著懸崖往下跳嘛！直到我生養兩個小孩，面對人生財務支出的「灰犀牛」，我才發現……

常聽人家說：「我不敢生小孩啦！我連自己都快養不活，怎麼養小孩？」的確，養小孩真的很燒錢。小孩剛出生那幾年，奶粉、尿布錢是基本，嬰兒床、汽車座椅、推車都是大項目的花費。如果沒有家人幫忙，那麼月子中心、保母費，或是育嬰機構的費用，更讓人傷透腦筋。接下來燒錢的就是學費了，先不提琳瑯滿目的才藝班、英文課，光是基本的幼稚園、安親班費用就很驚人了。

林林總總加一加，每個月的開銷比起單身一人時，約莫是一點五至兩倍。由於年輕夫妻薪水通常不太優渥，光是支撐自己的消費，就很可能接近「月光族」

的狀況了，因此會對於生小孩這件事情望之卻步，也是很合理的。但是要等到收入真的可以支撐起一個家的時候，可能已經過了身體最適切的生育期，除了要擔心精子、卵子的健康，還要考慮自己有沒有體力陪伴小孩成長，真的是左右為難。

在這種狀況下，就會聽到盼孫心切的長輩們勸說：「小孩放心的生不要緊，因為小孩會自己帶財。」

我第一次聽到這句話的時候，簡直傻眼。拜託！這是什麼不負責任的阿Q想法啊？這不等於是要年輕人「看著懸崖不要想太多，就給他跳下去，搞不好你們摔到一半就會自動長出翅膀來」？小孩會自己帶財是什麼奇怪的樂天思維？難道是某種古老宗教的祈願，或是現今流行的宇宙神祕吸引力法則？當時在我看來，這簡直是一種自殺行為。

那時的我挺著五個月大的肚子，聽到這句話甚至有點生氣。對於我這種面對困難挑戰，都堅持要有具體計劃與行動的人，這句話真的是太不負責任了！然而過了九年多，養育兩個小孩至今，我開始有點理解這句話的真切意義了。

誠實面對財務支出的「灰犀牛」

與其說小孩帶財，不如說，小孩會帶給父母強大的賺錢動力。結合財經領域流行的話題來說，小孩帶來的財務缺口，就是所謂的「灰犀牛」。

「灰犀牛」跟「黑天鵝」現象相反，「黑天鵝」指的是無法預測卻意外發生的巨大災難，比如說：雙子星大樓遭受恐怖攻擊、英國脫歐、川普當選，跟世人認定的發展截然不同，讓人跌破眼鏡。因為是難以捉摸的巨變，讓人感到無從預防。

而所謂「灰犀牛」指的是顯而易見，卻容易被忽略的危機。就像在非洲草原上，明明看到灰犀牛在附近吃草，短期間感覺沒有威脅性，但等到兩噸重的灰犀牛朝你衝過來時，可能就為時已晚，完全來不及反應了。

專家認為「灰犀牛」現象是可以預測並事先採取行動的。但若是像 Nokia 這樣數一數二的手機大廠，雖然看到智慧型手機的未來發展，卻遲遲未採取應變措施，否認、不作為、恐慌，那麼再大的手機王朝都會在被灰犀牛衝撞時，應聲倒地。

而「小孩帶財」這個思維，大概就是指父母在預見「生養小孩的未來支出」這頭灰犀牛時，激起了強烈的保衛家人與求生意念，進而誠實面對威脅，及時採取行動，將傷害減到最小，甚至把危機化為轉機。

從懷孕開始，可以預見十個月後會有一連串的花費。網路上分享著各種各樣必買、該買、有錢就可買的清單，很容易算得出來家庭的預算該怎麼規劃。再請教一下身旁有經驗的親友，更可以擬出短期、中長期的支出計劃，小孩從出生到中小學、甚至大學畢業的必要支出，清楚可見。如此一來，就可以誠實面對未來「龐大財務支出」這頭灰犀牛了。

只要夠想要，開源節流都有辦法

嬰兒用品從基本款到名牌，價格天差地遠，每個家庭可以依自己的經濟狀況，來決定採購的物件與款式。這時候若是發現支出大於收入與存款，因應方法不外乎「開源」或是「節流」，縮衣節食以減少花費，或是增加收入來平衡支出。

「節流」這方面不難理解，我也跟很多媽媽一樣，生完小孩之後，哀嘆網拍都在逛小孩的玩具衣服，已經不知道多久沒買自己的東西了。就算想花錢在自己身上，往往也非自願的被迫節省，因為照顧小孩根本沒時間逛街、看電影，連出國旅遊的困難度都提高許多，許多花費項目轉移，快速達到節流的目標。

那麼，「開源」呢？

為母則強，要扛起一個生命的責任，真的會讓人快速成長，我目前約莫七成的理財功力，例如保險、外匯、股票、投資等知識，都是在生完小孩後爆發性學習而來的。生小孩之前，薪水是我唯一的收入；生小孩之後，我認真學習並嘗試各種理財工具，謹慎評估投資項目，多年過後，業外投資收入也頗可觀，甚至還可以支付全家每年出國旅遊的開銷。同時，也因為更精實的投入工作，薪水跟著翻倍成長。

愛家，更要保護自己

在認真面對理財需求之後，不只收入增加，還讓我更懂得完整的保護自己。原本天不怕地不怕的我，生完小孩後突然變得很怕死。這時候才發現我身上唯一的保單，竟然是我媽幫我買的儲蓄型保單，什麼意外、身故、醫療保險通通沒有，畢竟單身時完全不會想到這些啊！因此產假一結束，我立即請同事介紹保險員，很快的就購入了人生第一張保單。

想不到這張保單在四年後的一場嚴重車禍中，起了非常大的效用。那天我騎機車停在待轉區，卻被吊銷了駕照的惡質司機撞飛，顱骨骨折，在加護病房待了三天，住院一週，在家平躺休養了兩個月。肇事司機不但一毛錢都不付，還脫產逃避罰責，幸好有這張保單支付了我所有的醫療費用，甚至含括在家靜養期間收入的減少。

除此之外，我也是在生完小孩後開立了股票戶頭，開始閱讀理財書籍，多方聆聽投資經驗的分享。當年，我在科技品牌大廠工作，每年固定十月發放獎金。每次獎金發放後不久，就會看到許多同事換車、出國旅遊、購入新手機，而我會在獎金入帳的一個月內，挑選穩定成長的定存型股票，將部分的獎金轉為股票，強迫自己儲蓄。

為母則強，信焉。

面對各種「灰犀牛」的威脅，媽媽為了能及時應變，未雨綢繆，大幅提升了保護自己與家人的能力。在我當媽媽之後也明顯感受到強烈的學習動力，或許這也完美詮釋了自己很喜歡的一句話：「你有多想要，就會有多努力。」

進階筆記

★「小孩會帶財」乍聽之下沒什麼道理，生養了兩個小孩之後，深刻體會到這句話的真切意義——小孩會帶給父母強烈的動力，賺錢、理財與成長。

★「生養小孩的未來支出」就像財務「灰犀牛」，是顯而易見卻也容易忽略的危機。只要誠實面對，便可以預測並及時採取行動、減少傷害，化危機為轉機。

★訂出短、中、長期的家庭財務規劃，檢查收入、存款與支出，適當「節流」，積極「開源」。

★為了家庭與兒女，善用理財工具並且更精實的工作，收入自然增加。

★透過強烈的學習動力，提升保護家人與自己的能力。因為想要，所以努力；有多想要，就會多努力。

12 懂得人生經濟學，選擇更聰明

我曾聽過女人說這樣的話：「我跟他在一起八年了，大好青春都浪費在他身上，不等到他娶我，不甘心！」什麼？因為已經浪費了八年，所以決定在這個可能已經不愛的男人身上，再耗上五十年，這是什麼神邏輯？

白天工作繁多，回家後就忙著幫小孩洗澡、吹頭髮、睡前聊天。粉絲也都很貼心，甚少來信，但通常一來信就是長篇心情文與特別難解的狀況題，我會等到靜謐的深夜仔細閱讀。

「親愛的 Eva 你好，我一直很欣賞你將工作以及家庭生活兼顧的很好，最近我陷入困境，想請教一下你的想法。

我在一間傳產公司擔任人資，沒有特別熱愛這份工作，但做得還算順手，因此一做就是八年。最近幾年對工作有點厭倦，總覺得不上不下，跟新主管也不對盤，於是有了換工作的念頭。可是我剛結婚一年多，有懷孕的計劃，想等到生完小孩後再轉換跑道，卻又擔心那時就超過三十五歲，換工作太晚了。同時也擔心如果換了工作，結果更不適合，在這裡的八年年資豈不浪費了。但是假如我不換工作，最後沒成功懷孕，我還要在這裡虛耗幾年？

在各種狀況之間想來想去，我就卡住了⋯⋯，想請問 Eva 可以給我什麼建議嗎？」

我的粉絲頁名稱是「女人進階 To be a better me」，來信的大多是正感到有些困惑的女性朋友。我常問自己，為什麼她們會把人生重大問題拿來問一個網路上並不認識的人？這需要多大的勇氣？正因為如此，我深覺責任重大，即便要壓縮睡眠時間，仍認真思考如何回覆。

「嗨，你好，其實這個問題需要考量的層面很多，例如你不喜歡現在的工作，那對哪些工作有興趣呢？是否有轉換跑道的目標了？老公、家人支持你換工作嗎？

如果你繼續待到生完小孩，會不會為了照顧小孩，想等孩子大一點再轉換跑道，然後在等待過程中又生了第二胎，轉眼到了四十幾歲，也就失去找尋『夢想職業』的熱情了呢？

其實，換工作這件事可大可小，端看工作在人生中的比重。如果你希望下一份工作能點燃生命熱情，那麼這件事就很重要了，重要到我覺得你可以為了它承擔多一點風險，別蹉跎太多時間。

況且，年資並不是什麼需要『捨不得』的東西，如果工作資歷沒辦法讓你成長，那它不過是一種沉沒成本罷了！」

別讓沉沒成本影響當下決策

女人要聰明做決策，就不能不了解「沉沒成本」。沉沒成本指的是「已經發生、無法回收的成本耗費」，好比說，花了五十元買到一碗超難吃的豆花，五十元就是沉沒成本。這時候，若是因為不可收回的花費而感到可惜，決定硬著頭皮把豆花吃光，那就真的傻了啊！

又例如，花了兩百五十元買電影門票，但電影難看到你想奪門而出，卻因不想「浪費」這兩百五十元，仍耗了兩個小時在電影院裡如坐針氈，這筆帳怎麼算都不划算，因為沒有什麼比浪費時間更令人生氣的了！

不讓沉沒成本影響決策，說起來簡單，做起來難，例如在投資行為中，股票明明已經虧損了卻還不放手，妄想有一天會漲回來，也是這種厭惡損失的心態造成的。其實這種心理狀態人人都有，但重情感的女人更容易一不小心就落入陷阱。

許多女人討厭浪費、憎惡損失，老愛跟自己過不去，抓著不可逆的歷史成本不放。我就聽過女人說這樣的話：「我跟他在一起八年了，大好青春都浪費在他身上，不等到他娶我，不甘心！」什麼？因為已經浪費了八年，所以決定在這個可能已經不愛的男人身上，再耗上五十年。這是什麼神邏輯？

聰明的女人懂得「人生經濟學」，理解沉沒成本對於當下的決策而言是種不可控成本，不會因此影響到自己的行為或重要決定。也就是說，理智的「排除」沉沒成本的干擾，就能夠聰明抉擇。

別讓風險成本阻礙自己前進

除了要排除沉沒成本，別讓自己因為害怕損失而損失更多之外，還要認識另一種大多數人不敢下的重本，那就是「風險成本」。

創業家馬雲曾說過：「任何一次失誤，都是你個人的收入。」

我們往往太害怕犯錯，在「未知」與「已知」之間總是選擇後者，因為犯錯機率小。然而，不願承擔任何風險，就踏不出舒適圈，最後成了在溫水中逐漸加熱而煮熟的青蛙。其實，很多時候相同一件事情，有人看是風險，有人看是機會，沒走到最後一步，誰都不知道是避開了災難，還是開創了新契機。

很多人都聽過企業經營法則「鯰魚效應」：挪威知名的漁獲是沙丁魚，活魚的賣價特別好，但遠洋捕魚到返回港口的路程太遠，沙丁魚雖是活著存放於船上的水槽裡，但因為生性懶惰、不喜游動，返港時存活率極低。後來某漁夫發現，在水槽裡放入以魚為食的鯰魚，該魚會積極游動，造成沙丁魚緊張，於是四處竄逃，積極求存。返港時幾乎整個水槽的魚都活著，就因為鯰魚的存在。

同樣的，如果工作環境中出現了讓人倍感威脅的對手，我們往往會受到刺激，進而展現拚勁並有更好的表現。但是當我們長期處於安逸，甚至變得怠惰無生氣時，我們會主動尋找刺激或威脅，來提振自己的士氣或動力嗎？

應該是不會，對吧？

「輕鬆」與「困難」之間的抉擇

這幾年「負能量語錄」、「心靈硫酸」在網路上大紅，帶著自我嘲諷的話語很快瘋傳：「你知道嗎？總是有比你優秀的人比你更努力。那麼……你還努力幹嘛？」「認真就輸了，不如……讓我們耍廢到八十歲。」事實上，撰寫負能量的文案創作者，積極進取、創意無限、懂得在浪尖上抓住群眾的眼球，但不知道讀者是否在開心之餘，真的把這些語錄當作座右銘了呢？

在「輕鬆」和「困難」之間，或許困難才是最輕鬆的選擇，因為真正的輕鬆，是手上握有選擇權。選擇權來自於能力，能力來自於經驗積累，經驗積累來自於不停試錯與學習。年輕人有更多的犯錯空間，因為重新來過的機會成本小。有犯錯才有經驗收入，如果在有本錢犯錯的年輕時期，選擇了避險與安逸，實在是非常不划算啊！

夜深人靜，我回覆給這位粉絲的最後一段寫到：「如果我是你，我會開始投履歷，並積極安排面試，從面試中了解一下自己的市場價值，也探尋有興趣的工作類型有哪些。如果遇到好的機會，我會願意承擔風險嘗試看看。

但我不是你，只有你能為自己做出決定。加油，祝你好運！」

想做出聰明的選擇，請記得兩個重點：一、別讓沉沒成本影響當下決策；二、別讓風險成本阻礙自己前進！

進階筆記

★換工作這件事可大可小，端看工作在人生中的比重。若希望在工作中找到人生熱情，可以為了它承擔多一點風險。

★如果工作資歷無助於成長，不過是一種沉沒成本。善用理智，排除已經發生且無法回收的「沉沒成本」干擾，聰明做出決策。

★評估「風險成本」，別因為害怕風險就只待在舒適圈，一件困難的事情有可能是風險，也有可能是機會。

★別讓沉沒成本影響當下決策；別讓風險成本阻礙自己前進。

13

在 OR 和 AND 之間

平衡工作與家庭生活真的太難了，走入職場十幾個年頭，從懷孕開始，經歷過太多角色拉扯，每一次都揪心又難受。當角色過多難以平衡時，到底該怎麼辦？

凌晨五點，我在日本的旅館中醒來，前一天在上高地健行了整天，現在全身痠痛正累著。同行的家人都還在熟睡，我不敢開燈，只好摸黑下床，試圖在不熟悉的擺設空間中緩慢移動。老公與孩子們應該可以再多睡三個小時，但是我不能，因為在美國的客戶正等著我十五分鐘後要開會呢。

不能在床邊的桌椅區進行會議，因為燈光會離孩子們太近，我不想驚擾他們。最後，我克難的拉了行李箱到門邊當椅子，從衣櫃裡挖出燙衣板當電腦桌，僅僅開了門廊燈，確保不會影響到家人好眠。

「哈囉！抱歉把會議改成您那邊的下午一點，您用過午餐了嗎？」戴上耳機，我準時上線開始視訊會議。

是的，這是我家庭旅遊的其中一個清晨。

那幾天我在名古屋與上高地之間往返的巴士上，趁小孩趴在我腿上睡覺之際，利用幾個小時的車程回覆完所有信件、確認過近期活動海報與宣傳稿、審核完同仁的提案簡報，既沒有耽誤到旅遊行程，也沒有影響到玩樂的心情。

這次的旅遊我震懾於上高地的美景、驚豔於合掌村的絕世脫俗、品嚐到飛驒牛的鮮嫩口感、享受著老公與孩子們開心的陪伴，同時將工作穿插在旅遊的縫隙中。我都忍不住要佩服起自己，怎麼可以做如此完美的安排。

我並不是一直都很擅長將工作融入家庭生活，更別說要把它們兩者融合的毫無衝突、沒有拉扯。老實說，平衡工作與家庭生活真的太難了，跌跌撞撞一路走來，我經歷不少痛苦的教訓，學習到許多寶貴的經驗。

我很尊敬的一位知名講師謝文憲（憲哥）寫過一本書《人生沒有平衡，只有取捨》，書中有一段關於美婷的故事：

「美婷每天第一個到公司開燈，最後一個關燈下班，孩子託給公婆帶，憑藉良好的溝通表達與協商技巧，短短三年內，她一路從專員挺進到課長。

沒想到，一場車禍意外將美婷打回原點。

身心俱疲時，稚幼的女兒對她說：『媽咪，你好久沒跟我說床邊故事了……』懷孕有狀況，必須在家休養時，甚至接到公司寄來的筆電，要求她處理不需要面對客戶的事務……

她要如何繼續平衡，怎樣正確取捨？」

是的，這是我人生曾有過的一個片段。

憲哥將我當時那試圖平衡卻還是東倒西歪的人生，微調潤色收錄在書中。

「平衡」不易，「取捨」太難

年輕時期的我很拚命，日子過得很「用力」，企圖在每個面向都拿到一百分，但拿捏不好「平衡」與「取捨」的分際。還記得有一陣子頻繁出差歐洲舉辦新產品發布記者會，我先飛莫斯科再飛波蘭，接著從捷克飛倫敦，下一站是斯德哥爾摩。某天深夜在倫敦飯店辦公時，婆婆傳來一段影音，未滿兩歲的女兒在百貨公司遊戲區跟另一個小朋友扭打在一起。看到影片的當下我忍不住痛哭失聲，縮在椅子上摀著嘴哭到全身顫抖，不斷思考著，是不是我時間、精力分配錯誤，沒有做好母親的角色，導致女兒行為失序了呢？小孩會這樣，是不是都是我的錯？

走入職場十幾個年頭，從懷孕開始，這樣的角色拉扯我經歷過太多次了，每一次拉扯無不既揪心又難受。到底是要當個好媽媽、好老婆？還是當個專業的工作者、盡職的好主管？

我相當欣賞的女性媒體「女人迷」在今年做了女性影響力調查，有上千名女性參與。關於職場女性面對最大的挑戰，有百分之六十八的受訪者表示是「角色過多，時間難以分配」；此外，有百分之五十七認為職場上有「性別歧視，差別待遇」，百分之三十四表示「被認為不必擁有自己的事業」。根據我的經驗，這樣的調查結果如實的反映出現今職場女性的困境，至少這些名列前茅的挑戰在我的親身體驗中一個也沒少。

而我認為，攻克這些挑戰的訣竅就是不斷的面對、處理、放下，過程中盡量保持兩大原則：一、排序好自己的大石頭；二、除了想怎麼OR，也想想如何AND。

大石頭原則

我很喜歡一則故事：有位教授走進教室中，面對滿堂的大學生，準備開始上課。教授先拿出一個大玻璃罐，往裡面放入幾顆又大又圓的石頭，放了約莫七、八顆後，大石頭就滿到了瓶口。

教授問：「請問這瓶子滿了嗎？」

學生們歪頭瞧了瞧，幾個人回答：「滿了。」

教授微笑，從包包中拿出一袋小碎石頭，從大石頭的縫隙中倒了進去，再將玻璃罐左右晃了晃，讓碎石頭填滿了空隙，一路滿到瓶口。

教授再問：「請問這瓶子現在滿了嗎？」

越來越多學生興致被提起來，大聲的回答：「滿了！」

教授又笑了，轉身拿出一罐啤酒，慢慢倒入看似已被大石頭與碎石填滿的玻璃瓶。

教授看著年輕的學生們，慎重的開口說：「這個實驗是要告訴你們兩件事情：第一，如果你先放入了細碎的小石子，很可能會失去放入重要大石頭的機會。

所以，請先清楚理解自己人生目標的優先順序，先大後小；第二，在你按照順序把時間投入在達成目標上，記得留點放鬆的空間給自己與啤酒。」

如果職場媽媽們真要學習怎麼時間管理、目標管理，我想最重要的就是這套「大石頭理論」了吧！一定要先清楚知道自己人生的大石頭有哪些、怎麼排序。當然，過程中難免會出現許多亮晶晶的小石頭，意外吸引住你的目光，讓你忘記了那些樸實但重要的大石頭。例如我就不少次被自己忽略太久的大石頭砸痛了腳指頭，學了幾次乖，便知道要時時提醒自己石頭大小的排序了。

還有一點非常重要：每個人的大石頭都不盡相同，當別人來指點你如何排序石頭時，不需要太愧疚，自己清楚明白就好。

除了 OR 想想 AND 原則

一定會有人告誡你：「不可能全部通拿，要適時的取捨。」但我也想提醒你：「除了要思考怎麼 OR，也想想該如何 AND。」

當你拉扯於兩個角色之間時，問問自己：「如果我希望兼顧這兩個角色，我需要什麼協助？」「我想優先考量這個角色，但我能做些什麼，把另一個角色也放進來一些？」

一旦思維改變，眼前的選擇自然就多了起來。

而只要選擇了，就不要糾結於你已經放棄的選項。別老是覺得委屈愧疚，或是認為別人限制了你些什麼，有時候職業婦女心裡的糾結，都只是選擇了之後又不肯放下，庸人自擾罷了。

回到這趟名古屋之旅，當初池先生問我能否安排休假出國時，我看著滿檔的工作行程微笑點頭，因為我清楚知道我可以在公司請假系統上設定代理人；在Outlook自動回覆信件中指定暫代者，但媽媽、老婆這些身分都沒有代理人。既然媽媽、老婆、工作都是我的大石頭，那麼就來想想怎麼AND吧！

進階筆記

★職場女性最大的挑戰是「角色過多，時間難以分配」，而克服挑戰的訣竅很簡單——就是不斷的面對、處理、放下。

★時間分配原則一：排序好代表重要目標的「大石頭」。先清楚理解自己人生目標的優先順序，先大後小。別忘了留點放鬆的空間，小心途中閃亮誘人的小石子，他人的意見僅供參考，不必受到影響。

★時間分配原則二：思考如何 OR 時，也想想如何 AND。當拉扯於兩個角色間時，先問問自己是否需要協助或該做些什麼？思維改變後眼前的選擇自然會增加，並記得「擇你所愛，愛你所擇」。

14 抓到大原則，運用小技巧，越忙越有時間！

常聽見媽媽們提醒剛結婚或剛懷孕的夫妻：「享受兩人世界只能趁現在！」「快在孩子出生前多去看電影！」真的有這麼誇張嗎？一旦成為扮演多重角色的職業婦女，就會像兩頭燒的蠟燭永遠都忙不完嗎？時間到底該怎麼運用才好？

「Eva你有睡覺嗎？」在大學同學會中，久沒見面的同學突然問我。

「有啦！平均每天睡六、七個小時。」我見怪不怪，因為實在是太常被問這個問題了。

「你有睡這麼多？怎麼可能？我每次看臉書都覺得你做這麼多事，哪有時間睡覺啊！」不只這位老同學感到不可置信，旁邊的同學也附和了起來。

身兼媽媽、公司主管、粉絲頁版主、講師等多重身分，我到底如何利用時間？

這件事已經被朋友、粉絲們問了太多次，也曾受邀在演講或課程中與職業婦女分享如何管理時間。其實沒什麼訣竅，我認為只要掌握幾個大原則，每個人都能將時間運用的如魚得水！

先確認目標，再執行任務

首先，「做對的事情」比「把事情做對」重要的太多，但這點最常被人忽略。在跳下水之前一定要設定方向，否則等游到精疲力竭，終於爬上岸，卻發現此岸非彼岸，這時想要重新出發就不一定有時間跟體力了，不可不慎。

對於時間管理有興趣的人，應該多少聽過知名的「四象限法則」，它是世界各地許多企業菁英都在使用的時間管理法，可以簡單快速的將待辦事項做排序。四象限法則裡，我們可以將所有事務分為四個象限：緊急又重要、不緊急但重要、緊急不重要、不緊急不重要，此法則又稱為「要事第一法則」，其精神就是從四種分類中，體悟出你最該事先安排並且投入最多時間的「要事」，也就是那些「不緊急但重要」的事務。而通常仔細審視這些「要事」，就會發現它們直指出你的人生目標。

既然是職業婦女，就表示要兼顧職涯發展，也要費心子女教育，同時得做好家庭買房、買車等理財計劃，當然更不能忽略自己與家人的健康。但可惜的是，職業婦女總是忙於處理身邊緊急的事務，且仔細評估下來，大多都是緊急但不重要的。這些事務被逼上了「緊急」的象限，通常都是因為沒有事先謹慎的將「不緊急但重要」的人生目標安排進時程表中。等到我們發現怎麼職涯發展、子女教育、理財規劃跟健康都砸了鍋，這時才來呼天搶地、唉聲嘆氣，通常為時已晚。

我幾乎每年都會跟老公討論未來一年的目標，甚至是未來五至十年的，再根據目標安排行動計劃。年底也會一起檢視當年計劃，攤開兩人的財務報表，盤點當年收支狀況。

如果你現在心裡嘀咕著：「職業婦女忙都忙不完，這個方法未免太不切實際了吧！」這麼想就真的可惜了，因為定期檢視目標能讓人忙得心安理得、忙得踏實，同時降低瞎忙的憂慮與焦慮。雖然是老生常談，但如果只學習一種時間管理法，我認為「目標管理法」絕對是首選。

再舉幾個例子來說：如果夫妻的終極目標放在「家庭凝聚力」，設定的計劃是每年安排一次家族旅遊，接下來就可以將與年度旅遊相關的待辦事項，列入行程表中。如果夫妻倆下定決心要增強小孩免疫力，順便降低奶粉費用，並貫徹餵母奶計劃，那麼幾年內與母奶相關的事情就會大幅占用時間，也可能會影響到工作，例如需要與主管溝通調整出差計劃。若沒有夫妻兩人共同設定目標，勞心、勞力又耗時的餵母奶計劃，通常會是壓垮職業婦女的一大綑稻草。

當然，若「自己煮三餐」相較於「工作發展與適度休息」沒那麼重要，也不適用於目前塞爆的行程表，那麼就暫時將其排除，付費外食。不需要非得把自己逼上梁山，搞得每天壓力大又心情差，老公、小孩都掃到颱風尾，何苦來哉。

既然忙，就要確定忙的有意義，這樣心靈才會有支撐力；確定忙碌的成果是自己也是家人需要的，這樣忙起來才不會無助又無奈。

將時間分門別類

一天只有二十四小時，「量」是固定的，但每個小時的「質」卻不一樣。我在執行事務時，會觀察當下時間的「質」，並且把不同性質的時間分門別類，各自拿來做適合的事情。這種時間運用原則，對職業婦女來說，非常重要。

●低能量時間，不做需專注的事

容易分心或感到疲累的時間，「質」欠佳，我稱之為「低能量」時段。不論時間長短，只要是低能量，就不該拿來執行需要高專注力的事情，像是做報告、準備簡報等要動腦且不能失誤的事項。

舉例來說，下班後到小孩睡前的這段時間，通常要幫孩子洗澡、準備晚餐等，就算擠出空檔回信、處理帳戶匯款等事，很容易因為孩子的要求與吵鬧失去耐心，不但事情處理不好，情緒也容易受到干擾，不如放鬆陪小孩玩或親子共讀。

在孩子睡著、忙完家務之後，就是「Me Time」或是「We Time」的最佳時機，可運用在替自己充電或替夫妻感情存款加值。這時候忙了一整天通常已經累了，如果想安靜思考我會選擇閱讀，如果想放空大腦我會邊喝啤酒邊陪老公看影集。

●高能量黃金時間，做燒腦的事

如果晚上回家後還有需要腦力的報告待完成怎麼辦？如果精神不錯、專注力足夠，我才會將時間拿來作簡報、寫文章，不然我會盡早躺平睡覺，設定清晨的鬧鐘，充完電後再早起完成待辦事項。相信我，高能量黃金時間做的簡報，會比用兩倍低能量時間做的好太多了！因此，高能量時間千萬不要拿來毫無目標的滑手機，簡直是浪費黃金啊！

●小片段時間，解決待辦事項

匯款、回訊息、打電話，這一類不能同時做其他事情，卻可以在短時間內解決的事務，我會在忙碌的空檔中完成。通常我會隨手把它們記錄在方便的筆記上，例如 Evernote，只要時間空檔一出現，馬上查看可以先解決哪一個待辦事項，除之而後快。

●被綁住的時間，多工運用

最典型的狀況就是通勤時間了。若是開車上下班，通勤時眼睛與手腳都不得閒，這時可以邊開車邊想一想當天待辦事項的處理順序。如果你是自己開車、騎車，需要保持專注，可以簡單聽一聽有聲書、演講、音樂等，替自己充電，保持企圖心與積極度。如果你是搭捷運、公車等大眾交通工具上下班，試著不要滑手機，把大腦空出來，建議你帶著一個需要解決的問題出門，在路上思考，通常會有不錯的成效。

我之前也會利用哄小孩睡覺的時間來思考。我相信有小小孩的媽媽都懂，陪孩子睡覺這件事極度的耗時又沒效益，孩子不睡就是不睡，而你只能躺著不動哼歌，其他什麼事都不能做。當然嚴禁滑手機，否則小娃兒看到手機會開心到睡不著覺。這時候我就會躺在關燈的房間裡，邊規律的拍著小孩的背，邊規劃行事曆、思考簡報內容、默背記者會的講稿……等等。

思考與計劃，比你想像中更耗時，只要利用一點小技巧，便能夠節省時間，大幅提升做事的效率。尤其被綁住的時間是否有善加利用，我個人認為是職業婦女的決勝點。

又例如，卸妝、洗澡後吹頭髮的時間，我會拿來看影集，完全不浪費時間。也許你會問：「卸妝跟吹頭髮，加一加也才十幾分鐘吧？」沒錯，每天能有十分鐘看影集我就非常開心了！真心不騙！身兼數職、忙得團團轉的我，也不多奢求什麼，如此就心滿意足！

其實不難對吧？時間配置，首重內容；時間運用，在於技巧。

進階筆記

★先確認目標，再執行計劃，可確保忙的有方向、有意義。

★感到疲勞的「低能量時間」就陪伴孩子，或放鬆為自己充電。

★需要清晰思路的事情，只在「高能量時間」執行，切勿硬撐著在「低能量時間」處理，避免事倍功半。

★隨手將待解決的瑣事記錄下來，一出現空檔的「小片段時間」即盡速處理。

★通勤或陪孩子睡覺屬於「被綁住的時間」，用來聽有聲書、做簡單的思考或小消遣。

★配合事情的內容，用對技巧，越忙也能越有時間。

15 打造個人專屬的「情緒轉換玄關」

「玄關」是進門後的第一個空間，在風塵僕僕的回到家時，可藉此將沾染到灰塵髒汙的衣褲稍做整理，保持屋內整潔。然而，若是心情遭受風暴摧殘，一片狼藉時，我們可有供情緒轉換的「玄關」？

「咦？玫姐，你怎麼會在這裡？真巧！」我剛跟合作夥伴談完公事，正準備要離開咖啡廳時，巧遇一位精明幹練的朋友。

玫姐是外商公司的總經理，又是三個孩子的媽媽，看她總將工作與家庭兼顧的有條不紊，常讓我崇拜不已。我們倆每次見面不是在活動場合就是公務會議，倒是從來沒有私下喝咖啡聊天過。畢竟我忙她更忙，兩個人都是蠟燭多頭燒的職業婦女。

「咦？玫姐一個人嗎？」我左看右看，沒看到她有任何同行的夥伴。在她的示意下，我在她對面的空位坐下。

「我在進行回家前的神祕儀式。」玫姐挑眉對我笑了笑。「Eva，我問你喔，你會不會不小心把工作上的情緒帶回家？」

「工作上的情緒嗎？我應該不會。因為我有轉換情緒的玄關。」我搖搖頭，我想我大概知道玫姐在咖啡廳做什麼了。「玫姐的情緒轉換玄關是咖啡廳嗎？」

「哈哈哈！我就知道我們兩個很像！果然！」豪爽的玫姐拍手大笑。我們兩人的對話在旁人耳裡聽起來，應該就像玄妙宗教的通關密語一樣神祕吧？

果然不出我所料，工作壓力與強度都極大的玫姐，在工作環境中難免需要面對合作廠商、美國總部等窗口的要求或刁難，更不時需要幫同仁下屬解決緊急又繁瑣的難題。就算ＥＱ非常好，能掌握情緒不失控，難免還是會積累不少複雜的情緒在身上。若沒有適時的排空這些負面能量，一個不小心就會把煩躁的心情帶回家，再一個不小心，就遷怒到倒霉的老公或小孩身上了。

換個角度來說，玫姐家中有三個小孩，照料起來也不是什麼輕鬆簡單的事情。光是每天早上要吆喝小孩起床，在盯著他們換穿衣服、吃早餐、拿書包的同時，自己還要趕著梳化著裝，讓全家準時出門，各自前往預定目的地，就會像打了場硬仗般精疲力竭。若沒有適時的靜心沉澱，一個不小心就會把不耐煩的情緒帶到公司，再一個不小心，就遷怒到無辜的部屬或廠商身上了。

所以不管是從家裡進到公司，或是從公司回到家裡，我們都需要一個「情緒轉換的玄關」。

找到轉換的過場儀式

有位嚴重潔癖的朋友曾與我分享，玄關對他來說有極高的重要性。風塵僕僕的從外面回到家，外套沾染到路上的灰塵髒汙，衣褲也接觸到捷運或計程車上跟許多陌生人共用的椅子，而這些衣物是絕對不能進到他潔淨無汙染的家裡的。

還好，他家有玄關。

所以他每天進門後，就會好整以暇的在玄關整理自己。先將鞋子脫下放入鞋櫃，把外套掛在玄關牆上的衣物鉤，再將身上不乾淨的衣褲襪子放入洗衣籃。輕鬆的換上家居服與室內拖鞋，再點上放鬆情緒的薰香精油。經過了轉換情境的玄關踏入屋內，身心靈都回到屬於自己的一方天地，真好。

這樣轉換的過場儀式，應用在職業婦女身上也相當適合。尤其是家中有幼兒的媽媽們，因為小小孩總愛黏在身邊，若長期沒有安排獨處的時間，容易造成身心疲累、情緒混雜。情緒管理對於媽媽們實在太重要，說什麼都忽略不得。「有快樂的媽媽就有快樂的家庭」可不是說著玩的，有經驗的人都知道：如果媽媽情緒糟糕，比起惱怒的爸爸更恐怖，全家瞬間會陷入情緒風暴。

一杯花茶的時間，玫姐跟我分享她的情緒轉換儀式：她送小孩上班後，就會到鍾愛的咖啡廳A，享受一杯熱呼呼又香噴噴的焦糖瑪奇朵，讓自己窩在舒服的沙發椅上，不看訊息、不收郵件，聽著音樂，搭配腹式呼吸法，讓心跳平緩到一定頻率。安靜沉澱約莫十五分鐘後，再充滿戰鬥力的踏進辦公室，揭開兵荒馬亂的一天。

在經歷了一整天精彩又驚嚇的工作日後，她會拖著疲累的身軀到另一間咖啡店B，給自己一段完整的Me Time，漫無目的的滑著手機或是看看影集，喝完一壺療癒的花草茶後，再以心滿意足充滿電的狀態，回家呈現給孩子們一個母愛滿滿的好媽媽。

早晨與晚間的轉換儀式，玫姐會以不同的咖啡廳作為區隔情緒的場景，使用計時器控制時間，更搭配偵測心跳的手錶，既精準又高效率，真的不愧是高階經理人兼超級媽媽，我真心崇拜的五體投地。

晨起 Me Time 忙裡偷閒

超級媽媽們都有屬於自己的獨門祕方，我也分享了我的方法給玫姐參考。早晨的 Me Time 是我非常重要的情緒穩定時段，我會比小孩提前一、兩個小時起床，這段時間有時會安排晨間運動，有時會寫作閱讀，甚至有時工作太滿時，我也會讓出這時段思考提案簡報。安排的內容是什麼其實不太重要，重要的是擁有一段無人打擾的安靜時光。所以當孩子們起床找媽媽時，我會得意的像隻發出呼嚕呼嚕聲響的貓咪。嘿，我又偷到片刻悠閒的時間了呢！

「玫姐，你可以找一天試試看，雖然早起要調整睡眠，但那種獨自享有片刻安靜的感覺，就像擁有了全世界。跟睡到一半被小孩搖醒的心不甘情不願相比，簡直是天差地別。」我忍不住大力推薦我的晨起 Me Time 法。

若是送小孩上課之後還有大片段的時間，我會先到家附近的山邊小溪旁，有個我特別喜愛的僻靜天地，聽著鳥鳴水流聲，靜坐十分鐘淨空思緒，確保工作時的思考敏銳度。接著在開車上班的途中，聆聽各式課程演講的音頻，讓身心轉換成戰鬥模式。

「靜坐真的挺不錯，音樂或是音頻也可以有效轉換情緒。」玫姐認同的點點頭，喝掉最後一口花茶，示意我跟她一起走出咖啡廳，即便遇到朋友，她時間依然掌握得很精準。

「那你回家前也會整理情緒嗎？」玫姐邊走邊問。

「當然要啊！工作時腦袋高速運轉，連講話語速都加快不少，如果沒有設置玄關，就會不小心複製跟下屬交辦事情的口氣回家，家裡那幾個就要倒大楣了！」我一講完，玫姐就拍著我的肩膀大笑，果然我們有相同的難處啊！

「我在回家路上不會聽進修的課程音頻，而是聽一些舒緩情緒、降低腦袋轉速的內容，例如楊定一博士的有聲書，或是放他在 YouTube 上的讀書會影片，只不過用聽的。」我翻找手機上的一些內容給她看。「有時不想動腦，我會單純聽些喜歡的音樂。」

「不錯喔！我們就跟要進電話亭換裝的超人一樣呢！超人媽媽快回家『拯救世界』吧！下次聊！」玫姐向我用力揮手，她也要轉換模式回家當超人媽媽了。

你有屬於自己的情緒轉換玄關嗎？沒有的話，趕快打造一個吧！

進階筆記

★若不小心把煩躁的心情帶回家，容易遷怒老公或小孩；若不小心把不耐煩的情緒帶進公司，容易遷怒部屬或廠商，因此我們需要「情緒轉換的玄關」。

★職業婦女應找到屬於自己的情緒轉換儀式，千萬不可小看情緒管理的重要性，記得，有快樂的媽媽才有快樂的家庭！

★推薦「早晨 Me Time 法」，藉由提前起床享受獨自一人的安靜時光。內容可自由安排，重要的是在無人打擾的時段，穩定情緒、充實自我。

★運用屬於自己的「情緒轉換玄關」自由調整心情狀態，輕鬆兼顧工作和家庭不失控！

16
別忘了訓練「意志力肌肉」！

人們常說職業婦女是「地表最強生物」，只有小小的軀體，卻能一手輕鬆掌握工作，另一手直接撐起一整個家。造就職業婦女們如此「強壯」的祕密到底是什麼？

阿基米德說：「給我一個支點，我可以撐起整個地球。」

職業婦女會說：「給我們一個支點，我們可以撐起整個宇宙！」

身為每日待辦事項清單永遠無法清空的忙碌職業婦女，我們常常在找尋支點撐起小宇宙。我們每天都在燃燒，體力燒盡後就只能靠意志力撐場。曾經哄著哭鬧的小孩到天明，撐著上百斤重的眼皮、腳步虛浮不輸宿醉，還是照樣爬也要爬到公司去上班的媽媽們，大概都知道我在說些什麼。

我常鼓勵媽媽們嘗試重訓以鍛鍊肌肉，尤其是核心肌群。這不是為了什麼瘦的輕鬆自在，求得哪天能在威基基海灘上穿比基尼秀馬甲線。媽媽們重訓的理由相當實際，只求有一身強健的肌肉，才能右手抱著十幾公斤的幼兒，左手拉著嬰兒車，肩膀上再扛個媽媽包，走上個十分鐘的路程都還不會閃到腰，可以說是個投資報酬率相當高的訓練項目。

但除了訓練身體的肌肉之外，職業婦女們務必要鍛鍊的還有「意志力肌肉」。

強健的意志力肌肉，可以讓你在該拒絕的時候，堅定的說不，也可以讓你在該展開行動時，積極向前。

例如，小孩哭鬧時，忍住不開揍。

例如，累得半死時，還能撐著洗完兩桶衣服。

又例如，工作量爆表時小孩突然發燒感冒，老公在此時白目的要求跟朋友外出打球，你卻可以耐住性子跟他解釋為什麼不可以，而不是抓他的頭去「灌籃」。

這些說出來連自己都會感動的驚人之舉，靠的就是強健的意志力。

那要怎麼訓練意志力肌肉呢？其實跟訓練身體的肌肉方法類似，靠的就是：「循序漸進、持續不懈」，訓練模式也跟培養生活習慣的方式相去不遠。

向誘惑說不，建立自信感

意志力肌肉的訓練，最好是從日常生活中做起，方法不外乎是比較簡單的消極對誘惑說不，抑或是比較進階的積極去達成目標。

一開始，要先從自己約莫有六成把握的小事情開始。從小地方開始訓練，等意志力肌肉強健了之後，再慢慢提高難度。因為意志力是有限的資產，大量消耗只會讓意志力不增反減。若我們從「每天早上六點起床，三餐都吃水煮餐，外加運動一個小時」開始要求自己，估計不到一個星期就會意志力耗盡，然後又開始打小孩、罵老公了。

反之，我們可以選擇從戒除手搖飲料、跟炸物說不、午餐時間不滑手機、上班回家不搭電梯、不吼老公小孩這些小挑戰開始。挑自己有點心癢想去戒除，卻一直沒有硬下心來拒絕的誘惑開始挑戰，這樣成就感才會順利累積，也才更有動力去執行。

數年前我下定決心戒除手搖飲料，當時每天中午「陪」同事去買飲料，長達數個月，站在點飲料的隊伍中，看著炎熱的夏天人手一杯清涼飲品，但我連半杯都沒破戒。從需要強迫自己咬牙不跟著買，磨練到最後，我甚至可以輕鬆幫同事買飲料，自己卻半杯不入手，心情一點忍耐也無。

在戒除壞習慣的訓練前，最好還能理智的分析利益得失說服自己，例如，戒除飲料成功的附加利益是：輕鬆減重、身體健康、省荷包。知道自己每次的小堅持都能有所得，有助於增強意志耐受力。

對了，這樣的訓練最好可以搭配獎勵機制，效果卓越。但獎品不要跟戒除目的背道而馳，例如明明是要減重，結果成功戒飲料一個月後獎勵自己的方法是吃大餐。這不只會讓挑戰功虧一簣，還很難延續成就感，無法在心中建立起挑戰與獎勵制度的正向連結，不可不慎。

自我小挑戰，累積成就感

除了消極的戒除壞習慣、抗拒誘惑，進階的方法則是積極的「達成目標」。這種正向的訓練可以有效創造成就感，讓意志力鍛鍊更有效率。

挑戰項目同樣不需要很困難，每天達成一個小目標，主打持久戰。例如，挑戰連續三十天運動十五分鐘、早睡早起、寫日記或者日行萬步等等。而且建議採取循序漸進的方式，例如，這星期快走操場一圈，下星期兩圈；這星期十二點前熄燈躺平，下星期挑戰十一點半，由此慢慢的建立起成就感。

這樣的訓練會讓自己的信心逐漸增強，而且自信與掌握度也能延伸到生活的其他面向，讓你受用無窮。

我對於這種強迫症般的積極養成法不但喜歡，甚至可以說是著迷了！著迷的理由很簡單，職業婦女每天生活中有太多不確定性，不確定工作上會不會屎從天降；不確定老公今天會不會惹你發狂；更不確定小孩能不能一覺到天亮。

你唯一可以仰賴的，就只有自己的堅持。堅持去達成一項小挑戰，會帶來驚人的成就感，讓你深深的為自己感到驕傲，不再因為生活瑣事摧殘，無限的挫敗下去。

這其中，運動健身的小挑戰是最適合的了，除了成就感以及意志力肌肉的磨練，澳洲雪梨麥克里大學（Macquarie University）的研究更指出，運動可以高效訓練大腦，提升自制力。

還記得，有次我在挑戰「連續運動不斷電一百天」期間，適逢全球產品發表會，我要飛俄羅斯莫斯科、捷克布拉格、波蘭華沙等歐洲大城市舉辦國際記者會。途中有一天的行程是飛行跟轉機，我的強迫性格就在此時發作，心裡焦急著二十四小時就要過了，都還沒運動該怎麼辦？恰巧在香港轉機的時間相當充裕，於是利用航空貴賓室的寬敞淋浴間，做了幾個簡單的運動操，滿身大汗接著淋浴，穿戴整齊後再跟同事會合，正好直接登機，時間運用的剛剛好，意志力幾乎進階成不銹鋼等級。

挑戰期間當然會遇到困難，但困難點就是強化意志力的最好機會。只要在一個幾乎不可能的狀態下，墊腳伸手觸摸那好像遠在天邊的目標，你會發現，它其實近在眼前。而下次目標若提高了一些的時候，再把你墊高上去順利達標的，就會是上次堅持所鍛鍊出來的意志力。

撐起我們的支點，就是那每天一點點的微小成就感。而依藉著累積的成就感與自信心，我們撐起了一個家。

還有個重要但常被忽略的祕訣：好好休息。各種研究指出，睡覺也能增強意志力。睡眠不足會影響身體與大腦使用葡萄糖，讓我們無法提供自制力發揮時所需的能量，而且睡眠缺乏也會傷害前額葉皮質，降低因應壓力與控制身心的能力。

所以，當意志力肌肉還沒鍛鍊的很強壯，面對如潮水般湧來的事務感到束手無策、萬分沮喪時，不如就去睡一下吧！

有強健意志力肌肉的媽媽，可以在蠟燭多頭燒的時候，咬緊牙根的把待辦事項依序解決；有強健意志力肌肉的媽媽，可以在小孩胡亂哭鬧時，沉住氣的把道理說清楚講明白，安撫孩子的情緒。

當然，不管你是不是職業婦女，訓練意志力肌肉都會讓你受用無窮！

進階筆記

★意志力肌肉的訓練，從日常生活中做起，可以先由簡單一點的「對誘惑說不」開始，把六成把握的小事做好，等意志力肌肉強健了之後，慢慢提高難度。

★進階的方法為積極「達成目標」，這可有效創造成就感，逐漸增強信心。還能延伸到生活的其他面向，受用無窮。

★過程中難免會遇到困難，這是強化意志力的最好機會。試著觸摸看似遙遠的目標，其實它近在眼前。而下一次助你提升高度順利達標的，就會是之前堅持鍛鍊出來的意志力。

★強健的意志力肌肉，可以讓你堅定的說不，讓你積極向前，輕鬆解決蠟燭多頭燒的情況，沉住氣面對難題。不管是不是職業婦女，都該訓練意志力肌肉！

17「狡兔有三窟」哲學

朋友總是很好奇的問：「你怎麼有辦法一次做這麼多事情，又是工作，又是家庭，又是講師、專欄文章、粉絲頁的，卻各個面向都顧的這麼好？」事實上，沒有人可以把每個角色都做到一百分，不過其中倒有些「小撇步」可以分享……

我上班時極度忙碌，不是在外拜訪客戶，就是遊走在各個會議室間拿著筆電跑來跑去，像遊牧民族一樣。某天終於有機會坐下來，跟已經到職一個月的新同事談談。

「真的假的？你看起來一點都不像是一個媽媽。」過程中，她得知我是媽媽後非常的震驚。

嘴巴壞的年輕同事在旁開玩笑說：「一定是因為主管看起來很凶，一副嫁不出去的樣子，對不對？」

新同事大笑著搖搖頭：「不是，是我實在很少看到一個媽媽天天上班還這麼有活力。」

聽完她的話，我突然覺得有一點悲傷。是啊！許多職業婦女掙扎、周旋在各種角色之間，在家裡耗盡了能量，上班時總是疲憊的。

朋友老是愛問我：「你怎麼有辦法一次做這麼多事情，還把各個面向都顧好？又是工作，又是家庭，又是講師、專欄文章、粉絲頁的？」

少來，我才沒有那麼厲害。沒有人可以把每個角色都做到一百分，我只是因為正巧有這麼多角色，所以做不好A的時候，可以躲去B休息一下；當B要搞砸的時候，還有C的成就感可以扭轉沮喪的心情。

這就是我的「狡兔有三窟」哲學。

每當我文章產量大，或是又開始不甘寂寞在粉絲頁上辦活動、開團購的時候，通常就是工作忙碌到讓我快要被燒乾，得趕快換個角色做些事情，試圖累積點成就感來滋潤自己。

如果某段時間，我卯起來在工作上幹得風生水起，創意發想大爆發，提案、簡報、活動策劃樣樣投入的時候，很有可能是家裡哪個難搞小孩反叛的正嚴重，我不得不轉換注意力，讓被積壓的能量有地方噴發。

一不小心搞砸好多角色

當然，人生如此無常，總避免不了有些時候到處都超級不順，好像遇上了水逆一般，不小心一次把一堆角色都搞砸，讓自己根本躲無可躲，避無可避。

還記得有一次，同事不小心犯了錯、捅了婁子，替客戶招惹了些麻煩，客戶相當不滿意，情緒反應頗為激烈，首當其衝的當然就是我這個主管，我得責無旁貸的扛起道歉與彌補的責任。當天晚上我雖然較早回到家，依然處於緊急的危機處理狀態，等同於把工作帶回家，換個地方做而已。

池先生看我難得早歸，趕忙要我在家看顧小孩，讓他出門採購日用品。有池先生真好，他總是即時補位，從不跟我計較男主外、女主內的俗套規則，讓我能安心的在各個領域中發揮衝刺。出門前，他交代我盯著女兒寫作業，寫完後可以直接趕他們上床，他採買完回來可能已經接近午夜了。

我一邊不停的跟客戶道歉，一邊聯絡廠商想辦法修正錯誤，一邊傳訊息給同仁們交代事務與重新安排時程，訊息、郵件、電話來來回回不間斷，我的心情當然也相當焦急、煩躁、不美麗。

兩個小孩整晚玩玩具、追跑打鬧，我也沒空搭理，一心只盼危機快快有轉機。等到該睡覺的時間，我邊回覆訊息，邊趕兩個小孩去刷牙洗臉，此時 Showing 毫不令人意外的炸起來了。

「不行！我作業還沒寫完不能刷牙！」她糟糕的口氣、態度讓我皺眉，我深呼吸幾下提醒自己不要發脾氣。

「那快點寫啊！剛剛就一直提醒你要寫作業了。」我耐著性子催促她。

「但是我就是不會寫啊！我沒辦法寫，沒辦法，你懂嗎？沒辦法！」她手邊根本沒有動作，所有心力都放在抗議跟頂嘴，時間不停流逝，讓我開始有點不耐煩。

「哪裡不會寫？不會寫可以問我啊！」我口氣也好不起來，忍不住覺得是她在瞎扯，一個資優班的學生寫普通班發的作業，怎麼可能不會寫？是藉口還是刻意叛逆？

「問你有什麼用？你會回答我嗎？你都在工作，你去工作就好了啊！幹嘛管我的作業！」她全身的刺都豎立起來，大聲吼回來。

手邊電話不停在震動，可能是客戶，也可能是主管想詢問狀況。我的理智提醒我，Showing經醫師協助判別有部分過動兒症狀，而其中一個標準配備就是「口不擇言」。我心中默念著：「她很難控制情緒與講話內容，不要往心裡去，不要往心裡去……」

但在這個當下，我確實對於家庭與職場角色同時崩塌的狀況，感到無力又傷心。

最吃重的角色充滿驚喜

沉默了幾秒鐘，我嘆口氣：「你知道嗎？你就像是一隻刺蝟，我想要靠近你、關心你、幫忙你，但你全身都是刺。」

「就算我真的是刺蝟好了！你知道刺蝟什麼時候才會把刺立起來嗎？」她邊哭邊大聲回嘴。很好，她暗示是我在攻擊她，所以她才會攻擊我。這就是

Showing，如果她先休兵，我可能還會以為她身體不舒服。

我離開她房間，回到電腦前處理公務，給她也給我一點時間與空間。

時間慢慢的接近午夜，危機處理告一段落，心情還是悶悶的好不起來，傳訊給好姊妹們簡述了今晚的狀況，最後丟了一句：「家裡跟工作我都顧不好，我是人生輸家，我好弱……」

「沒關係，把這團混亂寫出來，療癒自己也療癒讀者。」閨蜜們貼心回訊。「家庭與工作的災難可化為寫作養分，這樣至少能夠挖東牆補西牆到作家的身分上。」

我笑了出來，「狡兔有三窟」加上「挖東牆補西牆」理論，真的療癒到身兼多重角色的我。難怪我總是無法低潮難過太久，實在是有太多身分可以躲了。

Showing在此時輕敲門小心翼翼的走進來，貼到我身上，硬是把作業本塞到我與電腦中間。「諾，教我吧。」我嘆了口氣，一題一題耐心的帶著她作答。

完成作業後，她突然說：「謝謝媽媽！你知道嗎？我不是刺蝟，我是貓咪喔。喵，喵嗚……」她討好似的笑著發出貓叫聲，還順便順了順假想的毛。

這就是Showing，永遠不按牌理出牌，讓我在狡兔三窟的「媽媽」這個角色中，最是深感吃重與挫折，但也時常有驚喜。

最後兩個小孩終於都去睡覺了，老公也採買完回到家。累壞的我攤平在床上，陷入昏迷前，我閃過腦海的最後一絲念頭是：「就把這團混亂寫出來吧！搞砸兩個角色時，第三個角色總是可以補強的，畢竟『狡兔有三窟』嘛……辛苦了，晚安……」

進階筆記

★「狡兔有三窟」哲學：沒有人可以把每個角色都做的完美，但因為有這麼多角色，所以做不好A時，可以躲去B休息；B要搞砸了，還有C可以提升心情。

★「挖東牆補西牆」理論：人生無常，總免不了把一堆角色都搞砸，讓自己躲無可躲。遇到這種狀況時，不妨把災難化為寫作養分，療癒自己與他人。

★「媽媽」的角色最為吃重，容易感到挫折，但也最容易得到驚喜。

18

面對未來，莫急、莫慌、莫害怕！

身邊有好多比自己強大、厲害的人，跟他們比較，真的會越比越比死人，常覺得自己只是平庸之人，也好想要變得跟他們一樣厲害！但回頭檢視一下，卻不知道自己的未來在哪裡，好難不焦慮啊！

某日我受到勞工局的邀請，到台北華山演講，跟職場新鮮人談談初出社會該如何運用手邊的資源，讓自己系統化、有效率地在工作上進階。我在演講中採用分組問答，觀眾無不努力聽講、奮力搶答，最後重點複習時，幾乎全場都能將演講重點倒背如流，效果出奇的好。

演講過後，我步出華山的倉庫展區，幾位熱情的觀眾跟在身邊，有的找我拍合照，有的感謝致意。在人群散去後，幾步遠處還站著一位怯生生的年輕女孩。她緩步走向我，我向她點頭微笑，她卻遲遲不敢開口。

我溫聲問候：「怎麼了啊？有什麼問題嗎？」手才搭到她肩上，她眼淚就掉了下來。

我愣了一下：「沒事、沒事，別哭。」不安慰還沒事，我一開口安慰，女孩更是淚流不止，我趕緊拉她到旁邊的階梯坐下。

安靜的陪她哭了幾分鐘，女孩終於平靜下來，開口就問：「Eva，我想跟你一樣厲害，可不可以告訴我怎麼做？」她的表情透露出著急、害怕、茫然。我忍不住笑了，我想，我懂她的焦慮。

年輕人的不安

我在女孩這個年紀時，也是個非常容易焦慮的人。老愛把目標訂得非常高，又老是害怕自己辦不到，因為未知的未來而感到無助，每天都在焦慮中跌跌撞撞往前走。

女孩接著慌張的說：「對不起，你一定覺得我很奇怪，我這樣哭好丟臉喔！」

我對女孩微笑：「不會啊！你知道嗎？以前的我平均每二、三個月就會情緒潰堤一次，大概都是生理期之前，心情會特別不好。如果那時候剛好又遇到事情做不好而感覺焦慮，我就會縮在家裡的角落，抱著自己大哭，哭喊著：『我好弱，我什麼都不行，我根本一事無成！』」

女孩瞪大了眼睛，大概覺得我在哄騙她。我沒在唬爛，這狀況在之前真的很常發生，池先生都見怪不怪了。他一開始還會耐心哄我說：「你一事無成，那別人怎麼辦？」到最後只會說：「啊，又來了。」

女孩可能感覺到我能理解她的心情，緩緩的跟我說起她的情況。她有個優秀的哥哥是醫生，還有個厲害的妹妹是律師，她已經二十八歲了，在工作上還沒什麼出色的成就，找不到自己的定位。不知道自己該不該在這個職位上繼續努力，還是要換個方向找尋新發展。她不知道的事情很多，只知道距離理想中的自己，還好遠、好遠。

女孩說：「我一直都在關注你的粉絲頁，我覺得你好厲害，知道自己要什麼，我也想跟你一樣。Eva，你有沒有缺屬下，我去幫你工作好不好？我想在你身邊學習，我想跟你一樣！」

看來，她正處於極度焦慮，對未來相當沒把握的狀態。誰年輕的時候不曾經歷過這樣的不安呢？

「我懂你的焦慮，我身邊也有很多好強大、好厲害的人，我常常覺得跟他們比起來，我就像是屑屑一樣，我也想要變得跟他們一樣厲害。」我笑著分享起我身邊滿滿都是「神人」的心路歷程。「但你知道嗎？如果越焦慮，就只是在浪費自己的能量，而且會越來越恐懼，越來越限制自己的成長。這樣的我，只會離那些厲害的人越來越遠。」

別成為思想上的巨人、行動的侏儒

我喜歡在下班後自我進修，上了不少高規格的課程，學簡報、學說話表達、學拍攝影片、學授課技巧等等。身旁的同學幾乎都是熱愛學習的強者，許多醫生、總監、網紅、TED 講者，各個聰明又謙虛，工作上的成就相當亮眼之外，最令我佩服的是他們在高工時、高壓力的工作下，竟然還能擠出進修時間，增加自己「斜槓」的能力。

如果我就只是這樣望著他們的成就，看著他們不停火速進步，除了佩服什麼都不做，我要不就是嫉妒他們，要不就是厭惡自己，陷入一點用都沒有的焦慮，對吧？

仔細分析一下就會知道，如果我把「跟他們一樣厲害」設定成我的目標，這個目標本身並不會帶來任何焦慮。

焦慮，來自於觀察到目標與現況的落差後，自己用想像力引發出來的恐懼。因為對如何達到目標一無所知，這種「未知」產生了一連串的可怕想像，也引發了「擔憂」，擔憂自己做不到；於是造成了「恐懼」，恐懼自己失敗的後果；甚至產生「逃避心態」，覺得只要不正面迎戰就不會有輸的可能。結果，目標在那裡，卻什麼都沒做，就被自己的想像嚇死了。

焦慮，是一種庸人自擾，是一種能量的消耗，相當沒有必要。

減緩焦慮的唯一法則：行動

「你說想成為我，我很榮幸。」我誠懇的對女孩說：「你現在哭的這麼難過，是因為不知道怎麼從現在的你，成為想像中的我，對嗎？」

女孩想了幾秒，擤了下鼻涕，緩緩的點點頭。

想像總是美好的，如果她知道我這一路走來跌了多少次狗吃屎，還會想成為我嗎？我忍不住露出微笑。

我繼續開導她：「我以前也會設定崇拜的人當作目標，當目標離我越遠，我越不知道該怎麼成為對方，我就會越焦慮。其實我應該把時間花在蒐集資訊，研究這個目標，仔細觀察對方都做了些什麼，或是在我這個年紀做了什麼準備。」

「但這方法現在不見得管用了，因為世界變動太大、太快，就像是我現在去做賈伯斯三十五歲在做的事情，不一定能成為賈伯斯。」我誠實的補充：「真正該分析的是他當初做這些事的原因，該學習的是他成功的態度與方法，然後試著轉換成自己的方法來實踐。」

如果焦慮的來源是「未知」，那麼就想辦法讓自己「知」。去試圖了解、去嘗試行動，就算嘗試後發現這個方法沒有用，那也是累積一種「知」，至少知道了此路不通；反之，越是不行動，越是害怕、不敢跨出去。

這些年來我慢慢學會盡量不帶焦慮的面對挑戰，做好所有能做的功課、詢問、計劃，然後一步一腳印的在每個時間點，正面接受挑戰，勇敢承擔後果，並且針對當下的變化，著手安排下個計劃。

把焦慮抽離之後，就不會被情緒蒙蔽，清清楚楚、明明白白，可以看見所有的可能性。

如果看清楚了「我就是做不來」，那也要接受它！在該求助的時候求助，在該放手的時候放手，沒有害怕與焦慮。有趣的是，這樣的情緒抽離、坦然面對，往往大幅提升了我的戰鬥力。

行動，雖是消除焦慮、提升自己能力的唯一解藥，但除了「做什麼」，「不做什麼」也相同重要。

不要盲目追隨著別人眼中的強者；不要老是一頭熱的跟風去聽演講、買課程；不要做了一堆不適合自己的事情，卻沒有系統化的吸收與進步，那樣只會讓你的焦慮益發張狂。

「消除焦慮要靠行動，而行動之前還得想通透。」我輕輕的拍了拍女孩的頭。

「莫急、莫慌、莫害怕！」這麼老的連續劇台詞，年輕的女孩應該沒聽過吧？我又忍不住笑了。

進階筆記

★放眼周遭永遠有更優秀、厲害的人，年輕時誰不曾感到焦慮不安呢？但焦慮只會浪費能量，讓恐懼變得越來越大，並限制自己的成長，離真正的目標越來越遠。

★焦慮，來自於認知到目標與現況的落差，並以想像力引發恐懼。對於「未知」的想像造成了「擔憂」、「恐懼」和「逃避心態」，導致在追求目標前就被自己嚇死了。

★以「知」取代「未知」，起身去了解、嘗試，並累積經驗。犯錯才能知道哪條路不通，而越是不行動，越是會感到畏懼。

★消除焦慮要靠行動，行動之前得想通透！注意「做什麼」、「不做什麼」。

19

永遠沒有準備好的一天，但可以一起學習成長

「我假日只想躺在家裡耍廢！上班累都累死了，週末還得出門啊？」是啊，工作已經快把我們這些職場女性燒乾，週末還要扮演好媽媽、好妻子，陪小孩上山下海，到底是想逼瘋誰？

某個週日晚上，連帶兩天小孩的我癱在床上，累得比加班五天還疲累，忍不住開始期待週一上班日。這時手機震動了幾下，是好友來訊。

「欸，你很誇張耶，週末也過得太充實了吧！」女醫師好友劈頭就開始碎唸。

我天生高調，熱衷於拍照或在臉書打卡，所以朋友很容易發現我的行蹤，也能知道我把時程排得有多充實、多豐富。這個週六我們帶著孩子去看展覽，傍晚到河濱公園的草原跑跳，週日白天讓孩子到知名連鎖披薩店參加動手做披薩的體驗活動，晚間來到朋友家喝喝小酒，讓兩家的孩子們瘋狂玩在一塊，差點沒把朋

友家的屋頂掀開。

「你就不能跟我一樣躺在家裡耍廢嗎？上班累都累死了，週末還搞這麼大陣仗，還讓不讓人活啊？」女強人好友似真似假的抱怨，口吻帶著愧疚。我知道她最近很忙碌，週末想陪小孩出遊但心有餘而力不足。我懂，我以前也常那樣。

身為一個工作壓力大、常加班，不論工作或私人行程總是滿到喉頭的職業婦女，我其實很期待週末可以在家中躺好躺滿兩個整天。但最後我週末的打卡文總是豐富鮮活的讓媽媽好友們紛紛抗議造成她們好大的心理壓力。

是啊，工作已經快把我們這些不服輸的職場女強人燒乾了，週末還要扮演好媽媽，陪小孩上山下海找樂子，到底是想逼死誰？

我家兩小特別活潑、嗓門大、情緒也容易暴衝，雖說他們在學校相對收斂，但跟同儕比起來，還是屬於較難管控的孩子，搞的媽媽我很常被老師約談。

我本來也很想跟老師說：「媽媽真的很忙，以後可以考慮約談爸爸喔！」但後來發現老師也不是故意的，因為爸爸實在很常不把老師的擔憂當一回事，點了點頭應個幾聲表示聽到，其實左耳進右耳出，也沒有要採取任何行動的意思，難怪老師只能回頭找媽媽了。

再累也要和你們來趟旅行

孩子們活力充沛不是壞事，但他們的情緒不只起伏大，發作頻率也高，讓我深感困擾。而他們的情緒向來牽動著父母，一不小心，全家的氛圍就會烏煙瘴氣。為此我洽詢了許多相關專業的好友們，包含小兒科醫生、心理諮商師等，還閱讀了許多穩定小孩情緒的書籍。這兩年痛下決心，徹底更改週末家庭行程的形式，即便再累也盡量帶孩子出門接觸山林草原或看展覽，接觸多元的體驗與娛樂。

一開始很困難。週間工作燃燒過度，週末躺在床上辦公、寫文章對我來說就是種休閒了。而且當你帶小孩出門三次他們就失控兩次，在這種情況下，相信我，你會寧可他們在家裡失控就好。

總之，我們週末的活動範圍先從社區遊樂區開始，再來到附近的校園玩球，慢慢擴展到大安森林公園玩沙、河堤騎車吹泡泡……，兩年下來，我沒有百分之百的自信說孩子們大幅改善了情緒控制，但越來越穩定應該就是朝好的方向發展了。至少適度放電後，比較不會在家裡尖叫撒野。我不敢躁進的擴張活動範圍，目前最遠只觸及烏來、北投、礁溪泡湯、九份深坑健行等小兒科觀光客階段。

最近看著臉書上許多朋友們上山下海、露營潛水，讓我也忍不住心動了起來，雖然深覺門檻過高但又真的很想嘗試，尤其兒童心理醫師也建議讓孩子接觸原始的大自然，他們的情緒會更穩定，與恆常不變的自然產生和諧狀態。

於是，當我無意間發現有對律師夫妻朋友經常帶孩子們爬山露營，臉書打卡照片散發著驚人的大自然生命力，露營裝備專業又齊全，我忍不住傳訊息探詢了一起出遊的可能。令我驚喜的，朋友爽快大方應允，我們便熱烈討論了起來，極有效率的快速規劃出兩家共同出遊的行程。

待討論告一段落，我也忍不住開口問她：「你這麼忙碌，怎麼有辦法搞這麼多複雜的野外週末活動啊？」

因為孩子，打開人生的一扇窗

律師好友是個標準的女強人，跟老公合開事務所，處理的案件強度與密度都讓人咋舌，忙碌程度跟我比起來是有過之而無不及。看著她的週末行程，我終於理解周遭媽媽朋友們那種深感佩服與愧疚的心理壓力了。

「我也是百般不願意。你知道嗎？我生孩子前根本不喜歡戶外活動，更別說爬山露營了。」好友傳了個笑著流淚的表情，「還不是因為我家老大……」

原來好友的女兒是高功能自閉兒，約莫在她一歲左右發現不對勁，嘗試了多種活動刺激與醫療協助，最後發現爬山露營對她有極大幫助。於是，工作忙到累壞了的夫妻倆為了孩子，週末也只能拚命往野外跑。幸運的是這位小女孩經過了三、四年的協助後，現在已經非常接近一般孩子的狀態了。

原來，為了孩子，我們都努力擴展了人生的活動範圍。

「因為孩子，我們不知不覺進階了好多。」我笑著嘆息。

「真的，我第一次升起營火時，自己都佩服自己了！」好友還說：「如果我沒生我家老大，可能週末還在跑趴、逛街、醉生夢死。」

「雖然說醉生夢死好像也沒什麼不好。」我忍不住接話。兩位壓力大的媽媽其實也戀懷念喝酒跑趴的生活，哈哈哈！

Showing 是我第一個孩子，從她出生那一天起，我開始學著做一位母親。

我還記得她脫離了只會吃喝拉撒的嬰兒時期，開始會表達意願試圖溝通時，我內心油然升起一股無法控制的恐懼感。我還不知道怎麼過我的人生，我要怎麼教她過她的人生？我還不夠好，有什麼能力讓她成為一個比我更好的人？

後來我經過好多、好多年的掙扎、調適、愧疚、痛苦之後，我才發現，或許我永遠沒有準備好的一天。或許我們就只能從互動溝通、共同面對難關的歷程中，一起學習，一起成長。

讓我們一起進階，成為更好的人。

進階筆記

★對於忙碌的職場媽媽來說，儘管週末帶小孩出遊是個大挑戰，但是讓孩子接觸大自然，有助於穩定情緒、增進親子情感、擴展生活的活動範圍，一起從自然中汲取能量。

★從孩子出生那一天起，才真正開始學著做母親，儘管充滿恐懼與自我懷疑，同時也學會更勇敢。

★或許永遠達不到所謂「準備好」當媽媽的狀態，但是從親子之間不斷互動、溝通、共同面對挑戰的歷程中，可以一起學習、成長，一起進階。

PART 3
勇敢擁抱我的「刺蝟女兒」

20

「戰士」媽媽的高難度任務

作業題目：「想到媽媽，我會想到什麼？」刺蝟女兒的回答竟是：「我想到媽媽就想打一一三，因為她會一直罵我。」一一三家暴專線？哇！這真的是我聽過最有「創意」的答案了……

約莫小乖兩歲半、Showing 六歲左右時，小的上幼幼班、大的進小學，兩人都不需要再嗷嗷待哺、深夜起來換尿布。生活作息逐漸穩定後，我毅然決然離開上市大公司行銷主管的位置，脫離大品牌保護傘的庇蔭，一腳踏入新創產業，進入創業核心團隊，開始了二十四小時待命、沒日沒夜的生活。

之前在大公司工作時，我常覺得自己一個人能當兩、三個人用，處理的工作量與作品產出量驚人。但進了新創團隊後，我才發現根本無法算出自己的工作量，只知道每分每秒都有做不完的事情，不管是剛睜眼的早上八點鐘，還是快歇下的深夜兩點半。

在我益發忙碌的狀況下，家庭的分工比例也隨之調整。需要花比較多時間耐心溝通、安撫情緒的 Showing 就交給池先生，小學的作業檢查、生活起居全由爸爸專責處理。Showing 老師與爸媽的 line 群組由爸爸回覆，功課由爸爸檢查與簽名，上課放學由爸爸接送，連洗澡完濕漉漉的長髮也由爸爸吹乾。爸爸對全世界的小孩都可以不理睬，唯獨自己女兒是放在手心上呵護的。

而小乖依然歸我管，散漫的他常讓爸爸氣得跳腳，但媽媽對小暖男就有無限的耐心。聯絡簿我簽、親師生溝通我來，所以小乖的老師頂多覺得媽媽很難找、電話都不接，但跟老師溝通一律改採用 line 聯絡後，倒也沒太大的問題。

可是 Showing 的老師就很容易對我有意見了。哪來這麼忙的媽媽？從沒簽過聯絡本、電話不是不接，就是接起來只說：「請老師找爸爸好嗎？」家長會出席率比爸爸還低、小孩成績表現一問三不知，肯定是個失衡家庭中的失責媽媽吧？

若孩子乖巧聽話，那老師與我倒也相安無事，偏偏 Showing 的表現向來很「特別」，需要老師額外費心，當老師與爸爸溝通過，小孩表現卻沒有改善時，老師常會覺得：「問題核心肯定在媽媽身上」，這時候我就會被約談了……

什麼？原來我們是個問題家庭！

「Showing 的班導師請你今晚的親師會務必要到場，她想親自跟你談談。」在某次會議中，我收到了池先生傳來的訊息，心中警鈴大響。

Showing 上小學後，異於同學的行為頻傳。上課中蹲到桌子底下，一整節課不出來，手還會去玩前座同學的椅腳，老師很擔心她的手會被壓傷；課中離席去上廁所後就在走廊閒晃，遭同學告狀才被老師逮回；或是突然站起來繞著教室走，無視於老師正在教課；下課從不跟同學一起玩，坐在教室後方靜靜讀書，導致班上分組活動時，即便強迫分組也沒有同學願意跟她同組；班級打掃時間，全班都在做清潔工作，就她一人氣定神閒的坐在空蕩蕩的教室中間，動也不動。

當時我曾被老師約談過，還被誤會我們是夫妻即將離異的問題家庭，間接造成小孩心理創傷而導致行為失常。後來花了好多心力才慢慢改善 Showing 在群體中的行為，也好不容易扭轉我在老師心中的偏差形象。

但小二升小三時，Showing 通過資優鑑定，由於原先就讀的學校沒有資優班，孩子因此轉學。她轉學後我依然忙碌，新學校的家長說明會我倒是有出席過，還記得說明會當晚我提前離席，直接趕赴機場飛加拿大出差，因而沒跟新任老師們談到話，所以老師對我是相當陌生的。

收到池先生的訊息後，一整天的忙碌空擋我都忍不住思量被約談的原因。哎，不是才剛轉學一個學期嗎？怎麼Showing又被盯上了？而我該不會又被新老師認定為失職的母親了吧？就這樣一路煩惱到晚上。

當晚從會議告罪脫身直奔學校，深怕錯過親師會讓老師印象不好，結果到Showing的新教室時，發現她的座位被安排在老師桌子正前方，並且抽屜……被封了起來。望眼放去，全班也只有她的桌子如此特別。

我在心中嘆了口氣，自己的女兒自己知道，光看這桌子就顯示出老師已經吃了Showing不少苦頭，不得不進行特殊安排。不外乎是Showing不參與上課，總是在抽屜裡玩些什麼或是翻閱課外讀物，又屢勸不聽吧？哎，這讓我更擔心待會老師的約談內容了。

說到媽媽，你會想到什麼？

親師會後，老師跟其他家長對談結束，我靜靜的在旁等待傳喚。在幾乎所有家長都離開後終於輪到我了，新老師看起來很慈眉善目，講話也溫和緩慢。

「媽媽，你跟 Showing 的關係好嗎？」老師劈頭就問了這個問題。

「嗯，還不錯吧。」我看了看在旁邊跟弟弟追打跑跳的 Showing。

「那……你知道 Showing 前幾天的作業寫些什麼嗎？」老師問。我誠實的搖搖頭，這我就真的不知道了，她的作業向來由爸爸檢查。

「作業題目是：『想到媽媽，我會想到什麼？』」老師邊說邊觀察我的反應。

「Showing 的回答是：『我想到媽媽就想打一一三，因為她一直罵我。』」

「蛤？」我傻眼。一一三家暴專線嗎？這是什麼「創意」答案。

「我知道媽媽教 Showing 這種特殊的孩子很不容易，但大人的情緒要妥善控制……」老師看我一副百口莫辯的樣子，開始好言勸說。

接下來，我就乖乖站在那邊聽老師訓話了約莫十五分鐘，內容大概是建議如何增進親子關係，跟孩子講話要看孩子眼睛等等。過程中，Showing 跟小乖一直在我跟老師身旁跑來跑去，Showing 還不時衝到我身後，拿我的身體抵擋小乖的攻擊。我努力無視他倆干擾，專心聆聽老師的教誨。

回到家後，我沒好氣的問 Showing：「你幹嘛那樣寫啊？你不知道這樣會害我被約談嗎？搞不好還會被警察抓走咧！」

「我有那樣寫喔？我忘記為什麼那樣寫了耶！可能是發作業那天剛好被你罵吧？」她尷尬的笑，隱約知道真的害到我了。「對不起啦！哈哈哈……」

我著實無奈，有個不按牌理出牌的女兒，對於這類突發狀況看來也只能習慣了。還好 Showing 至今遇到的老師都是願意多花心思關心她的好老師，孩子比較重要，我被誤會就算了吧。

隔了幾日，Showing 在某天睡前遞了張卡片給我，是寒假營隊的作業，題目是「大聲說出想對媽媽講的話」。而這次她寫的內容是：「親愛的媽媽，您每天都工作加班到很晚還要照顧我跟弟弟。謝謝您每天工作賺錢，謝謝您週末帶我和弟弟一起出去玩，一起欣賞大自然的風景，也謝謝您週末煮飯給我和弟弟吃，我愛您。祝您快快樂樂。」

我看著卡片非常感動，但還是忍不住問了她：「所以，想到媽媽不會再想打一一三了吧？」

「哎唷！就跟你說我不記得我為什麼那樣寫了啦！」Showing 扭動著身體又笑又叫。

當晚，我把那張卡片貼在牆上細細閱讀。我開始思考，如果換作是我，當想到身為媽媽的我，會想到什麼？

大概是「戰士」吧？每天都在「戰場」上廝殺，為了保衛自己最關愛的人，不管遇到什麼狗屁倒灶的事情，都能勇敢應戰。而身為Showing的媽媽，遇到的事情實在是比別人多了那麼「一點點」，但也只能安慰自己，這樣的挑戰會讓自己變得更強，實在是可遇不可求的進階機會！

這位戰士媽媽，繼續fighting吧！

進階筆記

★在教養及與學校老師的溝通上，媽媽一直都扮演著重要角色。

★說到媽媽，容易聯想到「戰士」，總是為了保護重要的人奔馳在「沙場」上作戰，不論遇到什麼狀況，都能勇往直前。

★在與孩子相處的過程中，會遇到各式各樣的突發狀況、挫折及挑戰，雖然得花一些心力解決，卻是讓自己變更強的寶貴進階機會！

21 無事非功課，無處不課程

常言道：「家有一老，如有一寶。」媽媽我說：「家有一小，那可是麻煩不少！」何況我家還有「兩小」，我們每天上演各種諜對諜，不知道是在演哪一齣，真的是一大考驗啊……

某天早上，一個會議緊接著一個會議開，我連喝口水、上廁所的時間都沒有。因為某個棘手的狀況，才剛從會議室走出來，又被叫進去營運長辦公室。營運長詢問事情的複雜程度，我報告著各個窗口的推拖拉與拒絕姿態，講著講著忍不住焦躁了起來。

營運長立即喊停，認真的看著我說：「Eva，每個人都有自己的利益需要維護，要麻煩他們做不想做的事情，一定會有許多抗拒與抱怨，每個人都想盡辦法脫身。如果這時候他們拍拍手開心的說：『Eva，來來來，我口袋的資源隨便給你用！』你才真的要覺得這窗口有問題，他可能會無法判斷情勢而讓專案走向滅亡。」

看我靜了下來，營運長又接著說：「所以，被拒絕了，我們想辦法說服；說服不了，就是我們不夠好，坦然接受，什麼情緒都不需要有。」

我安靜的看著他三秒鐘，忍不住雙手合掌問道：「你一定有在修行，告訴我，你是在哪裡修的？」

「真的有。」他再認真也不過的回答。「在家裡修的。等你的兩個小孩跟我家的一樣大時，你就會不動不聞，什麼都覺得很好解決。」

我們兩個大聲狂笑起來，周圍的同事都看了過來。

我突然想到《與成功有約：高效能人士的七個習慣》（*The 7 Habits of Highly Effective People*）的作者史蒂芬．柯維（Stephen R. Covey）曾說過，他在書中推崇的七個習慣，有大半都是他從「家裡的應對」學習而來的。我也不只一次跟朋友、讀者、觀眾解釋分享，如果我今天有什麼成就，都是我從「媽媽」這個身分在家中學習而來的。

無事非功課，無處不課程，這就是我的進階法門。而且因為我的小孩特別不好溝通，所以我進階何止神速！

透過孩子學習溝通

我有個舉一反十的女兒，「舉一反十」這形容詞可不是我給的，而是她的幼稚園老師。她從很小很小的年紀開始，就沒有在接受別人給的選擇題。如果你問她要選蘋果還是柳丁？她會花一些時間跟你解釋為什麼她不喜歡蘋果也不喜歡柳丁，再問怎麼沒有芒果？沒有蓮霧？沒有鳳梨？然後花更長的時間跟你解釋為什麼這三個水果比前兩個好。

她也極少爽快接受我的任何指令與安排。讓她馬上去洗澡，她就非得在那個時間點收拾房間。當我因此動怒，她會一邊尖叫、嘶吼、摔東西，一邊抱怨都是我前天罵她沒收房間，讓她心有餘悸，如果不收好就去洗澡，她會心神不寧而洗不乾淨。

總之什麼鬼理由都有，就是沒有「好」、「沒問題」這類的回答。

有人說她是資優兒童，有人說她是很有想法的小孩，但我忍不住會覺得她是

「為了反對而反對」的小孩。

她不接受我直接塞給她的東西，即便塞給她的是充分的選項。雖然我很清楚知道在這個資訊變動快速的世界，能靈活思考並挑戰體制的孩子，可能在未來會存活的更好，但身為一個媽媽，還是常因此不堪其擾。

「Showing 你要吃炸醬麵還是牛肉麵？」

「我喜歡吃飯，我最討厭吃麵了！」

不，她平常不討厭吃麵，她會在只有麵可以選的時候討厭吃麵。

你可以想像一下，類似的對話每天都出現在我的生活中，而且必然發生在我興致昂然的安排家庭出遊行程、給小孩買新衣服等「期待她會很開心」的情況下，她會毫不猶豫的拒絕並且抗議我的安排。

你們說說，要我這個當媽的如何不惱怒？

但硬碰硬久了也是會累，之後我也學乖了，知道如果要說服她，就得要繞著路走。有次朋友推薦我一個有趣的夏令營，營隊裡有紅面棋王周俊勳教授圍棋心法、鐵人老師教導堅持與勇氣，更有圍棋對弈、瑜伽、體適能等混合課程。我非常想替她報名，但我太了解她的硬脾氣了，只要她知道這是「媽媽希望她報名的課程」，她一定會用盡氣力抗拒到底。

於是當天我回家後，假裝若無其事的在 Showing 的聽力範圍內，打開了營隊的網頁，大聲介紹營隊內容給小乖聽。單純的小乖被我有趣誇張的形容勾起了興趣，終於忍不住開口問：「媽媽，可不可以幫我報名？拜託！」而我只能為難的嘆了口氣：「哎，這營隊只接受七歲以上的小孩報名，小乖七歲之後媽媽一定幫你報名好不好？」我揉揉小乖的頭，抱著失望的他洗澡去，正眼都沒望向他姊。

果然，在一旁聽著的 Showing 急忙跑去找她爸，壓低聲量的說：「爸，我滿七歲了！我要報名那個弟弟不能去的夏令營，他一定會很羨慕！」

哈哈哈！潑猴一隻，還是跑不出她娘親的五指山！

最後終於順利報名成功，你們說說，當媽的我容易嗎？

諸如此類的鬥智與鬥氣在我家不停上演，戲碼天天變，但不變的是溝通與說服的難度。而我必須說，這樣的痛苦經歷真的讓我溝通能力快速成長，尤其是面對新世代的同事們。

經由孩子學習有效引導

年輕的一代在工作上非常在意是否被重視、工作內容是否是自己喜歡的、努力的背後是否找到強大的動機，而跟Showing鬥智的過程中，我學會了重視年輕人的自我意願；學會了如何引發他們參與事務的興趣；學會了有效引導他們自動自發的行為。

最重要的是，我學會了不要硬碰硬的單向發號施令。我是嚴格、要求高的主管，但我可以自信的說自己是個與部屬溝通順暢的開明主管。

有次我要求同仁做完整的市調報告並與廠商詢價，同仁無奈又急躁的提醒我專案時程非常緊急，希望我能直接下決策選擇合作廠商，不要再花時間既要資料佐證又要樣品複查。我知道時間很趕，但該做的事情一件都不能馬虎，就像孩子的教育要從小打好基礎，不能輕忽壞習慣，同樣的，年輕同仁的做事態度與方法，也容不得妥協於緊迫的時程而隨性。

我當時耐著性子請同仁到會議室，花費額外的時間跟他說明調研的重要性與必要性，不希望以高壓方式逼他不甘願的執行命令，而是希望他了解我這些要求的合理性，心服口服的完成調查報告。

事後，該同仁還皮皮的笑著說：「Eva，你怎麼有辦法跟我講這麼多都不會生氣啊？」

我則是皮笑肉不笑的回答：「別謝我，謝我女兒。要不是我在家裡被磨練的很徹底，我早就扒了你的皮！」

無事非功課，無處不課程，難纏的Showing大概就是我進階的最大法門了吧！

進階筆記

★家裡幾乎每天上演與孩子的鬥智戲碼，極其需要說服技巧，這些「真實經歷」加速提升溝通協調能力，在職場上受用無窮。

★透過孩子能體悟到，比起硬碰硬的單向發號施令，更重要的是重視年輕世代的自我意願，並引發他們參與事務的興趣，有效引導自動自發的行為。

★「無事非功課，無處不課程」，和孩子在生活中的「過招」也能讓職場、人生更進階，而且若有越難纏的小孩，越是進階神速！

22 情緒是共同的課題

人生不可能正能量無限，難免會遇到引發負面情緒的時刻，這時最教人害怕的就是陷入「情緒迴圈」，彷彿被大浪捲入大海無法脫身，或是遭黑洞吞噬只有一片黯慘虛無……

某天早晨，我在睡夢中聽到客廳傳來一陣一陣的爭吵聲，一開始是聲量低沉且壓抑怒氣，後來越來越大聲，暴躁的情緒也越來越張狂。

「你可以趕快動作嗎？我們要遲到了！」傳進我耳朵裡的是池先生慢慢提高聲量的不耐煩。

「不要！」女兒聲音拔尖帶著哭腔，口氣是我再熟悉不過的沒禮貌與狂躁。

「你越是要我怎樣，我就越是不要怎樣！你不要逼我！你逼我，我就會更不想做！」接下來跟隨著連續十幾句的尖聲嘶吼。

以前的我會一直反省，到底是從哪裡讓她學到這種灑狗血八點擋的歇斯底里方式，我跟池先生的相處雖不是時時刻刻濃情蜜意，但保證離劉雪華與馬景濤的模式非常遙遠，與來往的親友向來也感情不錯，交際分寸拿捏得當，實在不知道哪裡出了問題。自責了太多年後，我學會放過自己，不強迫一定要找出「媽媽哪裡做錯了」，就當作她的情緒失控是「原廠配備」吧！

「好。」池先生聽起來很努力的深呼吸，試圖壓下怒氣。「那我給你五分鐘，五分鐘內我不會再過來催，但你必須把這一口燕麥喝完，然後把衣服穿好。就這兩件事，可以嗎？」

終於，還我五分鐘的安靜。只聽到池先生回到房間浴室刷牙、刮鬍子的聲音，但開關門的聲響似乎都帶著怒氣。

我非常慶幸每天早晨要叫起床氣超嚴重的Showing的人不是我；要催促拖拖拉拉、從不配合的她的人不是我；要試圖讓自己與她準時出門的人也不是我。我有辦法跟合作廠商斡旋談判、跟客戶低聲道歉，甚至介接人脈資源促成跨界合作案，但我很難讓女兒每天早上不帶怒氣的迎接一天的開始，督促她迅速確實的刷牙、穿衣、吃早餐，同時保證自己的情緒不受影響。

「池 Showing，已經過了五分鐘！我們要遲到了！你維持這個姿勢動都不動的發呆到底是想要怎樣！」平地一聲雷，池先生爆炸了，我又從半睡半醒的狀態被嚇到完全清醒。「就一口燕麥！一口，一口而已！拿起來，喝掉，這樣就好！為什麼要你做一件事情這麼難？」

Showing 如果看大人生氣就會配合的話，那我的人生會輕鬆許多，但她偏偏就是不管怎樣都要跟大人對著幹的孩子。接下來果然是 Showing 歇斯底里的尖叫哭吼、池先生的大喊斥責，讓人頭痛的對罵持續了不知幾分鐘，最後句點畫在池先生甩門離家上班的巨響。

我側耳注意聽，小乖房間沒傳來任何聲音。在這樣熱鬧的配音下，小乖還能安穩的睡覺，不愧是從小就受過強大訓練的兒子。

但下一秒緊接著就是我房門被大力拉開的聲音，一個哭的上氣不接下氣的女孩撲倒在我身上。「媽媽——媽媽——都是爸爸啦！」我也只能認命起床了。

池先生甩門自己去上班倒是第一次，我差點要幫 Showing 拍手了，終於逼瘋她老爸，他已經算是很能忍耐的人了。要是我，可能在叫她起床時壞口氣爆衝的階段就動怒了。

如何讓情緒不被拉著走？

清晨鬧劇我相當熟悉，Showing 根本是 drama queen，一大早就一哭二鬧三上吊是常態，從她兩歲開始就有類似戲碼，通常一開演就是一小時起跳。煩惱多年的我先是大量採購了相關書籍來苦讀，如《教孩子跟情緒做朋友》、《教養，從跟孩子的情緒做朋友開始》、《教養，從改變說話口氣開始》等。

直到某一天，五歲的她拿起我當時放在床頭的書對我說：「讀這些書到底有沒有用啊？你看這本書的書名《不是孩子不乖，是父母不懂！》，所以不是我不乖，是你不懂啊！」我才認清這些書除了讓我深深愧疚於做不到、做不好，其實幫不了我太多。

後來，我就轉而鑽研與自己情緒共處的書籍，書目廣泛，觸及薩提爾、阿德勒心理學，甚至是靜坐靈修等內容。說真的，渡她不如先渡我自己，因為我發現難受痛苦的不是「她情緒劇烈起伏」，而是「我的情緒被她拉著走」。

某日深夜，手機突然震動顯示某位老同學來電，當時我頗為驚訝，除了時間接近午夜，此友其實甚少聯絡。

「Eva，現在有空嗎？我知道你很忙，不想打擾，但我真的不知道要找誰說話……」電話一接起來，入耳是很明顯的哭音。有空有空，再忙也有空接這通電話。如果無助到找我談心，恐怕婉拒談話會有嚴重的後果。我想這也算肯定我是個值得信任並有能力協助的人，關鍵時刻怎麼能不伸出援手呢？

老友情緒激動的哭訴了半小時，人生真的很難，但失控的情緒讓人生更難了。我讓她講個痛快，不打斷也不回話。在對方情緒爆炸時，認真傾聽與專心陪伴這兩件事情，對別人做起來比對自己小孩做不知為何容易了十倍。

當她的訴說告一段落，詢問我怎麼才能脫離情緒谷底時，我終於開口：「我問你一個英文問題喔，『我很生氣』的英文怎麼說？」

「I am angry?」老友遲疑的回答。

「對。I『am』angry. 可以翻譯成，我在生氣，也可以翻譯成我『是』生氣。」我慢慢引導著她轉換心情與思緒，「我們最大的問題就是常把情緒當作是自己本身。情緒不可怕，沉溺於情緒才可怕。情緒傷不了你，但把自己跟情緒綁太緊，以為自己是情緒的一部分，反而會傷害到別人，甚至傷害自己。」

老友很難過也很生氣，但她因為自己失控的難過生氣，又更加難過生氣了。

自責、愧疚、自我厭惡，讓這團情緒風暴越演越烈，她困在裡面出不來，我感受到她深深的痛苦。

從「觀察」到「抽離」

「親愛的，當你快被淹沒在情緒裡面的時候，幫我試著做做看兩件事情。第一件事：觀察情緒。情緒來了不用抗拒，也不用譴責自己怎麼又動怒或難過，只要『意識到自己在難過』這樣就好了。你先『觀察』到自己在情緒中，接下來『接受』自己在情緒中，自然而然情緒就會跟你鬆綁，也會慢慢降低強度。」

「第二件事：抽離情緒。」我繼續引導。「你現在在哪裡、做什麼？」

「我坐在房間床上。」老友雖然困惑仍如實回答。

「好，現在試著想像自己是另一個人，站在床邊看著正在講電話的你。清楚看到床上的你正在做的每個動作。」我請她描述觀察到的動作與情緒反應。

「然後試著想像，你慢慢退到門邊，保持一段距離的看著躺在床上的自己，什麼事情都不用做，就是觀察床上的你在幹嘛、為什麼難過。」我慢慢讓她的意識與她的情緒拉開一段觀察的距離。

接下來我帶著她把距離拉到家門口、街角的便利商店，慢慢的像是 Google 地圖一樣，距離越拉越大，地圖越縮越小，甚至到衛星俯瞰的角度。老友的情緒慢慢穩定，甚至可以笑出聲來。

「Eva 你好厲害，怎麼會這些方法？」談話接近尾聲，老友疑惑的問。

「很可怕，不要問。」我笑笑的回應。

在情緒這個課題中，我在進步，Showing 也在進步，她從一天情緒失控三至五次，降低到三至五天才失控一次；她從情緒爆發後需要兩到三個小時才收拾的好，到現在進房間尖叫哭鬧半小時就會主動開門來找我說：「媽媽，對不起，我好了。」

情緒控制是我們的共同課題。我不能只對她批評指責、要求她控制改善，而自己卻什麼事也不做。因此，我真心感謝 Showing 帶來的課題，讓我成為一個更成熟的人。

進階筆記

★別把情緒當作是自己本身，而被它牽著走，情緒其實傷不了人，但沉溺其中、束縛自己，反而會傷己又傷人。

★當被情緒淹沒時，自救的第一步：觀察情緒。不用抗拒情緒、譴責自己，只要「意識自己有情緒」就可以了。經由「觀察」、「接受」，情緒會鬆綁，並降低強度。

★自救的第二步：抽離情緒。想像自己是另一個人，慢慢退開以旁觀者的角度看自己的行為與情緒，把意識和情緒拉開距離。

★「情緒控制」是共同的課題，不應只指責或要求對方，而是可以共同扶持，協助彼此成長。

23 你氣的是孩子還是自己？是現在還是過去？

媽媽們常說孩子總是用一個小動作就能引爆大炸彈？憤憤不平的你可有想過，也許你氣的不是現在，是過去；也許你氣的更不是孩子，而是你不允許自己擁有或是展現的特質？

長長的年假過後，工作緊接著如排山倒海而來，我那陣子著實忙碌到身心俱疲，週末狠狠睡了兩個半天，體力才恢復了些許。

媽媽們應該都有同感，過年對媽媽來說根本不是放假，而是加班。雖然今年年假跟娘家親友一起去了花東旅行，怡人的風景讓人心情舒暢，但是跟兩個小孩長達九天的二十四小時密集相處，還是讓媽媽我心很累。

值得慶幸的是，Showing今年過年表現有卓越的進步，雖然偶發的情緒暴走也發生不少次，但頻率與幅度都減弱許多。今年她還獲得阿嬤讚賞，沒有發生先前過年在百貨公司那種公開場合躺在地上歇斯底里的尷尬狀況，讓原本繃緊神經備戰的我放鬆不少。

我常想，我們母女大概是上輩子相互欠債。Showing非常容易扯動我的發怒神經，我總是看不慣她那些零零碎碎的小動作，例如我行我素、愛頂嘴、愛發怒、找藉口、不肯認錯、愛占弟弟便宜等等。我有時候忍不住想，是我特別受不了Showing？還是只要跟她長期密集相處的人，都會受不了她呢？

無獨有偶，我妹的兒子也是一個容易情緒暴衝的小怪獸，讓我妹傷透了腦筋。在年假的家族花東旅行途中，我忍不住觀察了一下他們，並暗中比較我與女兒的相處狀況。

「哥哥，去尿尿。」從飯店出發至海洋公園前，我妹提醒外甥先去上廁所。

「我不想尿。」小外甥甩頭就往外走。

「你每一次都說你不想尿！你上次就是這樣才尿褲子！現在馬上給我去！」

小外甥看似隨意的回話，卻輕易的踩到地雷。旁觀這一幕的我，對我妹突發的憤怒有點不解，小外甥不就只是現在不想尿尿而已嗎？

過去留下的情緒陰影

「來，你跟弟弟一人一根冰淇淋。」到了海洋公園，我姊買了冰淇淋給小孩，每個小孩都如獲至寶般的格外開心。

「弟弟，你的冰淇淋借我看一下好不好？」Showing 拿到冰淇淋後並沒有馬上吃，反而是急忙的去查看她弟弟手中的冰淇淋。

她把兩根冰淇淋放在一起比較，確定小乖的冰淇淋看起來沒有比她的大，才安心的把冰淇淋還給弟弟，開心的吃了起來。

「為什麼你就是這麼愛比較？就算弟弟的冰淇淋比你的大一點又怎樣？難道你就不吃了嗎？」看到這一幕的我，像是被按到開關一樣，看不慣的開口斥責。

「我只是想看一下，幹嘛罵我？你就是這麼愛罵我！」

Showing 簡單的動作輕易踩到了我的神經，我妹也非常不解，她覺得 Showing 不過就只是想要比較一下冰淇淋而已，我何必勃然大怒？

接下來的大半天，我們一家族在海洋公園玩得十分盡興，看了海豚與海獅的表演。行進中，我猛然看到了一個有趣的設施，轉頭喊了正在把玩紀念品店內商品的 Showing。

「池 Showing ——池 Showing！」喊了一次她沒聽到，我再喊了一次。

「幹嘛啦！」她猛然抬頭大聲的吼回來，防備的樣子像是張揚起全身刺的刺蝟。

「奇怪，你生什麼氣？」本來反射性要罵人的我，突然好奇了起來，抽離當下情境般的觀察著我跟她的互動。

「我不知道，但你只要大聲叫我的名字，都是要罵我。」她臉色還是好不起來，習慣性的替自己的態度差找藉口，但我不再反射性的發怒了。

我突然發現，她不是在生氣「現在」，而是在生氣「過去」。

先前氣她比較冰淇淋的我，也不是在生氣「當下的她」，而是在生氣「過去的她」。或許，氣外甥不去尿尿的小妹，也是一樣的狀況？我們生氣的，其實不是對方當下的行為，而是過去某個片段或是累積下來的行為傾向所造成的「情緒陰影」。

而到底哪些特定的片段或行為傾向，會累積成為我們的情緒陰影，在生活中逐漸形成一踩就爆的炸彈呢？我開始細細回想我最看不慣池 Showing 的哪些行為……

在孩子身上看見內心排斥的自己

我腦門一震，猛然想起楊定一博士在《我是誰》這本書裡面提到：「面對不愉快的人事物，我們最多也是知道——這些事、這些人都是反映個人的潛意識。討厭他們，也就是討厭自己；傷害他們，也就是傷害自己。這不是相信與否的問題，它本身就是一個根本的法則。」

如果你發現自己很難忍受某個人，她／他身上勢必反映出了某些你不允許自己擁有或是展現的特質。

有些人會說：「我沒有辦法忍受笨蛋。」這個人勢必希望給別人聰明有智慧、反應機靈不駑鈍的印象；有些人會說：「我最討厭自私的人。」這樣的人會希望展現的是不拘小節、友善關懷的形象。

我討厭某人，是因為我在那個人身上觀察到了「我所排斥的自己」；我喜歡某人，是因為我在那個人身上找到了「我希望擁有的特質」其實，討厭與喜歡，都與那個人無關，只跟自己本身有關。

我在 Showing 身上，看到的就是我排斥的那個自己。情緒控制能力差、沒有耐心、抗壓性低、責任感不夠、自律能力極差、對手足不夠大方、對周遭的人不夠包容與關懷……，這些都是我「不允許自己擁有的缺點」。於是，我像是雞蛋裡挑骨頭般的，用放大鏡查看她這些缺點，恣意批評，要求她改善。

原來，我一直以為我搞不定我女兒，但其實，我搞不定的是我自己。

看著情緒來的快也去的快的 Showing，又追逐著她弟大笑大鬧。我忍不住想著：除了「自己」以外都是「別人」，搞不定別人是再正常不過的事情了，到頭來，我們也只能搞定自己罷了；除了「當下」以外都是無法挽回的過去與無法觸及的未來，過去沒必要太糾結回顧，未來則沒必要太寄託期盼，我們只需要面對當下。

在這新的一年，我期許自己：活在當下，搞定自己。

進階筆記

★我們往往不是生氣對方當下的行為，而是過去某個片段或是累積的行為傾向所造成的「情緒陰影」。

★如果你很難忍受某個人，她／他身上勢必反映出了某些你不允許自己擁有或是展現的特質。

★除了「自己」以外都是別人，搞不定別人再正常不過，我們只能努力搞定自己。

★除了「當下」以外都是已逝的過去與虛幻的未來，沒必要太糾結過去，也不必太寄託未來，我們只需專注面對當下。

24 我怎麼會生出這麼特別的女兒！

女兒四歲時問我阿基米德原理，五歲從綁在一起的彩色筆聯想，要求我畫力學線圖解釋，八歲左右向我提出哲學大哉問：「為什麼『我是我』？」有這樣一個女兒的感覺是什麼？我只能說：「也太特別了吧！」

某日加班晚歸，到家時已經整室漆黑且一片安靜。我摸黑躡手躡腳的把鞋子收進鞋櫃，突然間感覺到有隻手拍了拍我的肩頭，轉頭就看到黑暗中站著一個長髮白衣的小女孩，不說話又睜大眼的盯著我瞧。要不是我天生膽大，早就放聲尖叫了。

「媽，陪我。」長髮白衣女孩開口。

「好，我洗好手、換好衣服就過去，你先回房間躺著。」雖然很晚了，但是早上我還沒起床時，她已被爸爸帶出門上學，今天一整天我們都還沒說到話。

打理好自己後，我摸黑走進她房間，攤坐在她床邊的電腦椅上，累到幾乎說不出話來。忙碌了一整天的我還沒吃晚餐，想著等一下要不要炒個蛋來果腹。

黑暗中突然傳來她帶點嚴肅的聲音：「其實……我在心中一直有個問題，但不知道怎麼用言語表達或文字形容。」

「喔？你試著說看看。」難得這麼正經，我挺好奇她要問什麼。

「媽……為什麼『我是我』？」她慢慢的、字字斟酌著提出問題，顯得有些遲疑，像是不太清楚怎麼表達，也像是不確定這樣問好不好。「為什麼這些感覺在『我』身上？我的靈魂為什麼在這個身體？死掉之後我又會怎麼樣？為什麼『我是我』？」

我訝異的坐直身體，很好，繼 Showing 四歲洗澡時問我阿基米德原理，五歲把彩色筆綁在一起畫畫，卻無法讓彩色筆像排笛一樣一字排開時，要求我畫力學線圖解釋給她聽之後，她所提出的問題難度，在她八歲左右的當晚到達了最新境界。

提供經驗、建議，讓孩子自己做決定

「嗯……這個問題非常的好，我記得我也在小學三、四年級時問過你外婆類似的問題。」我腦中還沒浮現解答，但先肯定了她的問題。

「真的嗎！你也跟我有同樣的問題嗎？其實我已經想好多年了，但我不知道要問誰。」Showing 的聲音聽起來像是鬆了一口氣，突然很放心也很開心的樣子。不過她說「想好多年了」，到底是從幾歲開始想的啊？我忍不住訝異。

其實我蠻感動 Showing 願意問我這個問題，記得當年我問我媽的時候，一直很擔心這會不會是「不該問」大人的問題。她能對我問出口，表示對我有一定的信任度吧？雖然我們一天到晚都在吵架。

「這問題有很多種答案，但沒有所謂的『正確答案』。因為沒有人在真正死掉後，還回到這世界告訴我們答案。」我正經的回答她，沒有一絲的敷衍。「我有佛教的答案、基督教的說法，還有哲學的理論。我不想要限制你的想法，所以我只把我聽過的講給你聽，你可以自己選擇比較喜歡哪一種。」

就像我在公司回答下屬的問題一樣，我會給經驗、給建議，但我也會要求他們自己決定要怎麼理解、吸收。接下來我從「一體相連」講到「意識存在」，講到「亞原子粒子」再講到「能量波」，講到「不生不死」還有「一切皆空」，再從「天堂地獄輪迴說」講到「信耶穌得永生」。

「我還聽說，我們的靈魂是不生不死的，只是這輩子來到這個世界用這副身體體驗這一生。但這一切可能都是假的，只是我們的感覺很真。」我把所有知道的訊息都轉換成她比較可能聽得懂的方式。「就像是你之前戴VR眼鏡時，你會以為面前真的有一頭獅子，感覺彷彿真的在草原上，但其實那時候你人一直都在遊戲室裡面。」

「你就把身體想成一個VR機器，你在身體裡感覺到自己從嬰兒慢慢長大，之後還會從身體VR機器體驗到結婚、生小孩、變老，最後死掉的過程。但其實這只是VR機器給你的感覺，真正的你在機器裡面，知道這一切都不是真的。」我努力形容給她聽。「所以你還是你。你，就是你。」

「喔！這個我就聽懂了！」她最喜歡我延伸解釋的VR理論。看來先前說的太深奧了，我也不確定自己在說些什麼。

每個孩子在父母眼中都是特別的

「該睡了，晚安。」我親了親她的雙頰與額頭，用力抱緊一下，完成我們的睡前儀式。

「媽，你愛我嗎？」她問了每天一定要問的問題，語氣依舊既期待又怕受傷害。

「愛。」我也回應了每天都一樣的答案，不管當天我有沒有被她氣到快爆血管。

走回主臥室，我忍不住對池先生說：「我怎麼會生出這種女兒啊？她也太特別了吧！」

池先生抬眼確認了一下我的臉部表情與情緒狀態，以高深莫測的口氣挑著眉說：「你昨天也說了一模一樣的話。」

我這才想起來Showing前一晚又不知為何情緒暴走，在我要她去刷牙時突然對我尖叫大吼摔東西，說是因為我在她「還沒有心理準備要刷牙」時逼她去刷牙，「你越叫我去刷牙我就越沒辦法刷牙！你不要再叫我去刷牙我才有可能去刷牙！」她大概歇斯底里的哭吼了這句話二十次左右。我當時氣到理智線寸斷，差點沒親手掐死她。

我翻了翻白眼，把今晚的母女對話簡述給池先生聽，默默聽完的他說出與昨晚一模一樣的評論：「從她還很小的時候，我們就知道她很特別了。」

的確，這幾年我數不清楚有多少次被她的「特別」惹到想把她丟出門外；數不清楚有多少次驚豔於她的「特別」，卻擔心自己沒能力教她足夠的知識；數不清楚有多少次因為她的「特別」，而情緒複雜的痛哭失聲。

這一切或許只是因為每個孩子對於父母來說都是特別的，我們自認為經歷過他人所不曾有的體驗，不論是痛苦或是喜悅。

我突然想起前陣子朋友推薦我看的《零極限》（*Zero Limits*）系列書，書中修．藍博士（Ihaleakala Hew Len PhD）靠著簡單重複「對不起」、「請原諒我」、「謝謝你」、「我愛你」四句話淨化內心有害毒素，以感恩懺悔來療癒心靈，將負能量轉換為無限可能。我不曾細讀過這本書，但這四句話從此就上了心。

入睡前我想著我那特別的女孩，心中默念著：對不起，請原諒我常常被你激怒與你爭吵衝突，謝謝你總是不計較，謝謝你無條件的愛我，我也愛你，很愛你。

進階筆記

★嘗試與孩子或年輕世代分享經驗與建議，並給他們自由空間，去決定要怎麼理解與吸收。

★每個孩子對於父母來說都是「特別的」，父母會因為孩子的「特別」，忍不住勃然大怒；因為孩子的「特別」，擔心自己沒足夠能力教導；同時也因為孩子的「特別」，而感到無比驚喜。

★「對不起」、「請原諒我」、「謝謝你」、「我愛你」四句話，有助於排除情緒中的有害毒素，改善與親愛家人之間的關係。

25 如果不曾失敗，代表你從未盡力過

「失敗為成功之母」這句從小到大聽了無數次的經典名言，真正參透的人有多少，做得到「不怕失敗」的又有幾人？大家都想成為人生一帆風順的「天生贏家」，難道什麼都成功就真的是「贏家」嗎？

「媽，我想拍影片，我想跟妞妞一樣當 YouTuber！」Showing 有一陣子跟我提到好幾次這個想法，她還天馬行空的說了好幾個影片題目與內容，請我幫她拍攝。

我一直沒有隨著她的要求起舞，一來她總是三分鐘熱度，二來我也總是忙碌，在投入最寶貴的「時間」資源前，我還想要觀望一陣子。雖然我不知道這樣算是在澆熄她的熱情，還是在藉此證明她是否真正感興趣，但身為媽媽總是在摸索中成長，沒人修過「媽媽博士學位」，所有事情只能做中學。

某天加班後回到家，還沒吃晚餐的我從冰庫中翻找到福貴糕，正打算退冰來吃，Showing 急忙衝到廚房來，劈頭就問：「媽，你要做什麼？」

「吃晚餐啊。」我驚訝於她突如其來的好奇，因為通常晚上她都入迷的閱讀從圖書館借回來的書，根本沒空搭理我。

「上次你用電鍋加熱福貴糕，結果變成黏黏的樣子，你知道那很像什麼嗎？」她興致勃勃的繼續阻擋我吃晚餐。「很像史萊姆！妞妞就拍過史萊姆的影片！」Showing 喜歡玩史萊姆，也愛看 YouTube 上別人玩史萊姆的影片，為什麼小孩子特別喜歡那種半固體半液體的東西，是因為觸感很特別嗎？

「媽，拜託拜託，你這次也用電鍋蒸，然後讓我拍影片！」她眼睛睜得大大的央求著。她還試著解說幾個她想拍攝的分鏡與口白，卯足全力的說服我。根據我的行銷專業經驗，她設計的分鏡與介紹手法還真的不賴，到底是誰教她這些玩意兒的？現代小孩的學習能力好驚人啊！

「好，我答應你，但是我只幫你拍影片，剪輯、配樂、上字幕你都得自己來。」我踐踐的提出條件，平常都是我拜託她起床、拜託她洗澡、拜託她收玩具，看看現在是誰需要拜託誰了，哼哼！

「蛤？但我不會啊！」Showing傻住，但她大概是看到我一臉「終於勸退你了吧」的得意眼神，立刻改口說：「好，你教我方法後我就自己來！」我嘆口氣，這麼好強的個性到底是像到誰呢？看來我今天要十點之後才吃得到晚餐了。

當晚拍攝完影片，我真的就在家中電腦安裝了影音剪輯軟體，秀了基本功能給她看，再示範幾個步驟，按照著「我說給你聽、我做給你看、換你做做看」的教學技巧，就放手讓她摸索了。我不希望成為繞著孩子轉的直升機媽媽，一來我有太多待辦事情要處理，二來我清楚知道Showing必須自己嘗試過、努力過，甚至失敗過，這些經歷與學習才會是她自己的。

「害怕失敗」讓人裹足不前

在那天之後，Showing花了一至兩個星期剪輯影片，並不是非常投入，依然將大半時間花在閱讀與玩耍，我也只是隨口提醒她幾次，同樣沒有太花心思在上面。某天在幫她吹頭髮時，她突然開口問我：「媽，如果我當YouTuber失敗的話怎麼辦？」

喔？原來拖拖拉拉不趕快完成影片，其中一個原因是怕失敗啊？

「那真是太好了，你就有機會因此學到很棒的經驗。」我握著吹風機撥弄她的長髮，提高聲量說：「媽媽最怕沒有失敗過的人了，這些人通常沒辦法真正承受壓力，就算他們現在成功，也不算是真正的成功。」

「丹佐・華盛頓（Denzel Washington）是媽媽非常喜歡的演員，他曾經拿過奧斯卡最佳男主角獎跟終身成就獎，超級厲害的喔！前幾天我看到一段影片，他在一所大學的畢業典禮致詞時，對畢業生說：『如果你不曾失敗，代表你從未盡力過。』」Showing從小就對輸贏非常敏感，我常勸導她輸了沒關係，贏了也不一定有趣。我們母女個性一樣倔強，我也是在跌跌撞撞幾十年中慢慢學到面對失敗的正確態度。

「就像愛迪生那九十九次的失敗，不能說是失敗，而是又找到了九十九個不能用來當燈泡的材料，對嗎？」Showing回話，試圖從被吹風機吹得亂七八糟的頭髮縫隙中抬頭看我的臉。

「沒錯！你好有慧根！」我大力誇獎她。

快快錯、快快學、快快改

成功是人生最爛的老師了，我也是長大之後才慢慢學會不要怕犯錯，只求自己快快錯、快快學、快快改。我這幾年花了不少學費進修課程，每當書寫課後心得時，我發現課堂中印象最深的往往是那些我舉手回答卻說錯的部分；那些跌入老師挖的坑，最後臉紅耳赤得到修正的時刻；還有那些起先搞錯方向，後來經過同學引導才回到正途的學習內容。

歡迎失敗，因為失敗才能真正的學習。

我曾經在一場演講中，聽到講者語重心長的問：「你們知道一個孩子從小到大，平均被告知了多少次『你不可以這樣做』嗎？」我忘記了他說的年齡區間與數字，我只記得次數多的驚人，我也記得聽到當下的震撼與羞愧感。「這就是為什麼孩子們長大後會失去嘗試錯誤的意願、失去創造力與想像力。」講者最後做了結論。我也反省自己是不是每天都在告訴孩子「正確的做法」，自以為用我的人生經驗教育他們，希望他們避免失敗呢？

我已經記不得有多少次，在教養的議題上得到提醒，體悟這些看似微不足道卻又意義深刻的道理。雖然我早該知道，但不知為何總在小心翼翼的人生道路中遺忘。很幸運的，就在我當母親的過程中，它們一再以「小故事大啟示」的方式出現，讓我能再次深刻學習。

因為這樣的學習領悟，當我帶領部屬執行專案時，也盡量忍住不先教他們快速且精準的解決方法，而是在他們想破腦袋試圖提出方案時，協助他們分析每個方案之間的優缺點。就算同仁們覺得「Eva 你幹嘛不早說？」我也會提醒他們：「我如果一開始說了，這方案就會是我的，而不是你們的了。」就像孩子雖然是父母生的，但孩子的人生只屬於他們自己一樣。

最後 Showing 還是把影片剪輯完成了，我再教她如何搭配背景音樂、製作片頭、片尾，盡量不干涉也不放入太多我的想法。我陪著她開設了 YouTube 頻道、上傳影片，幫她分享出去，累積了近千的點閱數。

在這之後她沒再著手進行第二支影片，更別說當 YouTuber 的計劃了。我不催促也不逼迫，不急著要她「成功」，也不告訴她怎樣算是「失敗」，畢竟這是她的人生不是我的。況且，她也真的盡力去完成自己的第一支影片，這已經足夠了！

進階筆記

★沒有失敗過就等於沒有承受過壓力，沒嚐過那種滋味，即使現在是成功的狀態，也不能算是真正的成功。

★成功是最爛的老師，記憶中鮮明的大多是失敗的經驗，要善用失敗、歡迎失敗來到生命中，因為這是寶貴的學習機會。

★別急著阻止孩子跑，跌倒了才知道如何爬起來，然後跑的更好；別急著教孩子如何釣魚，靠自己摸索出來的方法才能成為真正的知識。相同道理也可運用在職場管理上。

26

困難是被包裝過的禮物

「貝多芬在十六歲時為了和崇拜的莫札特見面，前往音樂之都維也納，雖然莫札特很欣賞貝多芬的即興演奏，卻因為太忙而無法收他當學生，貝多芬感到非常失望……故事說到這裡，你們有什麼想法呢？」Showing 故事說到一半，突然問起弟弟和我的感想。

週五晚上，兩個小孩玩到很晚，而我經過一整週高壓工作的轟炸，已然是靈魂出竅的狀態了。在三催四請之後，他們姊弟終於願意就寢。

「媽，陪我。」愛撒嬌的小乖每天都要我坐在床邊看他睡覺，沒人陪的話這小男孩是睡不著的。

「媽，也要陪我！一人十分鐘，還要說故事！」Showing 最講求公平，她一秒都不願少過她弟弟。

「不行……我快累死了。一人陪五分鐘，不講故事，因為你們今天太晚睡，失去了故事權。」我累到大概闔眼三十秒以內就會睡著，沒力氣天馬行空的掰故事了。

「那我知道了！我們去弟弟房間，兩個人一起陪，加起來十分鐘，我來講故事，好不好？」Showing 腦筋動很快，拼拼湊湊說出個新提議。聽起來不需要太費力，成交。

「今天，我要講貝多芬的故事！西元一七七〇年，貝多芬出生於德國波昂的音樂世家……」關燈後，Showing 開始說故事，聽起來有點像背誦朗讀，因為這故事是她在學校上台分享的作業。她流暢熟練的背誦出貝多芬生平，年幼就展現驚人的天賦等等，我對於音樂藝術歷史不是很熟悉，雖然疲累但也聽的津津有味。

「貝多芬在十六歲時為了和崇拜的莫札特見面，前往音樂之都維也納，雖然莫札特很欣賞貝多芬的即興演奏，卻因為太忙而無法收他當學生，貝多芬感到非常失望……故事說到這裡，你們有什麼想法呢？」Showing 說到一半突然打住，詢問兩位聽眾的感想，說故事竟然也知道要問答互動，果然有乃母之風。

一體不只有兩面

「你們知道嗎？雖然沒有拜師成功讓貝多芬很失望，但這可能不是一件壞事喔！」被 Showing 這樣一問，我發覺這一小段故事背後，其實藏有很大的啟發，我精神突然大好，認真跟孩子分享我的感想：「如果貝多芬真的拜了莫札特為師，或許貝多芬就會因為崇拜而開始模仿他的老師，結果不敢超越老師而限制了天賦，無法走出自己的路。最後他頂多成為『莫札特第二』，而不是聞名天下的『樂聖』貝多芬了。」

孩子們看事情通常只會看到表面，成功就是成功，失敗就是失敗。尤其在卡通、童話故事裡的好人、壞人黑白分明，一拍兩瞪眼，沒什麼討論的空間。但看事情的角度不只有一個，我不希望孩子們把自己看待事物的「判斷」認定為「事實」，失去了思考的彈性。一體其實不只有兩面，看待事物的角度越多、高度越高，就不容易陷入思考的陷阱。

我一陣諄諄教誨後，Showing 持續她的故事分享，慢慢來到了貝多芬人生最大的難關。「年近三十時，貝多芬的聽覺發生問題，他很怕被人知道，悄悄找醫生治療，可是不但沒有起色還越來越糟。三十二歲進入全聾狀態，他甚至絕望的寫了遺書，但依然創作出《命運交響曲》、《悲愴交響曲》這些偉大又感人的作品……故事說到這裡，你們又有什麼想法呢？小乖換你說！」互動時間又來了，竟然還指定弟弟回答。

「他……他是不是因為沒挖耳朵所以聽不到？」被指定的小乖疑惑的發問。他真心的疑惑讓我笑到流眼淚，孩子真是美好的存在。

笑到肚子痛的我決定趁機加碼：「雖然耳朵生病聽不到讓貝多芬很痛苦，這是一個音樂家遇到最絕望的事情了，他完全聽不到聲音，怎麼可能創作出好聽的音樂呢？但是，這或許是老天給他最棒的禮物了。」兩個小鬼頭聽了紛紛大叫抗議：「怎麼可能耳聾是禮物？好爛的禮物喔！媽媽你太誇張了啦！」

苦難使人生進階

其實，對事物的判斷，最容易讓人落入思考陷阱的大概就是「困難」了。平常人遇到困難，就只會看見隨之而來的挫折、損失、麻煩，對事情反應純真直接的孩子更是如此。我希望可以教會他們戴上一種「變焦眼鏡」，透過「思考的折射」看懂藏在困難背後的意義，以正面的態度更積極的迎向人生。

「雖然耳朵聽不到看似封鎖了他的音樂天分，讓他又生氣、又害怕、又想要發洩，但反而讓他更有力量去創造音樂。我聽說貝多芬後來甚至會趴在地板上，或用嘴巴咬著跟鋼琴連在一起的木頭，去感覺鋼琴的震動。你們看，這樣彈鋼琴創作音樂是不是很困難？因為太困難了，所以他才想做到最好；因為太痛苦了，所以他才譜的出《命運交響曲》。登登登！登登登！」我越講越覺得蠻有道理的，最後還哼起了《命運交響曲》的旋律。

有些事情，在某個時間點上看起來是難關，事後卻發現原來是祝福。遇到難關時，若不想輕易放棄，就必須提升現有的能力，線性成長，越過困難，或是徹底改變自己，瞬間蛻變，採取完全不一樣的方式處理事情，讓困難消失於無形。

我們往往等到事過境遷回頭看的時候，才會覺得感恩。感恩那時候遇到了這麼糟糕的事情，讓我們變強大，甚至因此痛下決心改變自己。

在遇到困難的當下，試著不抱怨、不沮喪的靜心學習，想一想如何提升自己的能力。在面對難題的過程中，用正向的方式與態度，可以減緩難受痛苦的情緒，縮短深陷低谷的時間，提升自己進步的速度與幅度。千萬不要等到多年過後回頭看時，才驚覺自己沒把握機會進階。

在親親、抱抱、道晚安，並把兩個孩子哄上床睡覺後，累到幾乎無力的我忍不住想起這近十年來的成長蛻變，或許都是因為：我成為了母親。

在蠟燭多頭燒的高壓下，倔強的我不願意屈就於主管、老闆、社會對於懷孕女性或媽媽的既定印象，努力想證明自己能跳脫刻板框架。在那些徹夜哄著哭鬧、甚至發燒嘔吐的嬰孩的日子裡，依然在一夜無眠後試圖光鮮亮麗的踏進會議室；在滿到溢出行事曆的出差與會議行程中，仍臨時應變趕到學校接送小孩，或是照顧因腸病毒被隔離一週的孩子。

如果我按原本計劃，等工作有一定成績後再結婚、生小孩，相對輕鬆、自由的爭取工作表現，而不是被迫在多重壓力下狼狽的前進，或許，我就沒有今天的成就了。

貝多芬說過最有名的一句話是：「我要扼住命運的咽喉，決不能讓命運使我屈服。」但他也曾經說過：「苦難是人生的老師。通過苦難，走向歡樂。」

不管你信不信，至少我是信了。

進階筆記

★別把自己的「判斷」都認定為「事實」，失去了思考的彈性。看待事物的角度越多，越不容易陷入思考的陷阱。

★平常人看到困難，會害怕隨之而來的挫折和損失，然而有些事情，是包裝成困難的祝福。困難逼迫我們成長，甚至徹底蛻變，成為更好的自己。

★苦難是人生的老師。通過苦難，走向歡樂。

PART 4

勇敢愛自己

27

「馬麻，全世界你最愛誰？」

「什麼？一個愛自己的媽媽！難道你不夠愛小孩嗎？」身邊不少親朋好友認為，媽媽該為家庭與家人犧牲奉獻。但是，當了媽媽之後真的就不能保有自我嗎？沒了自己，要怎麼愛小孩？

在全然黑暗的房間裡，我靜靜坐在床邊的椅子上，這是屬於我們母女的睡前陪伴時間。

Showing 喜歡在睡前聽點小故事、聽我分享最近上課聽講的心得，或是天南地北的聊天，但扯東扯西後，她總是要問上這麼一句：「馬麻，你愛我嗎？」

「愛，我愛你的全部，包含你所有優點跟缺點。」我平靜的說，語氣是那麼理所當然。

「那我跟弟弟你比較愛誰？」她總愛這樣問。

「你們都是我的小孩，我一樣愛。」我也總是這樣回答。

「那爸爸跟我們，你比較愛誰？」「那爸爸跟你的爸媽呢？」「那我跟阿虎你比較愛誰？」接下來就是一連串的ＰＫ賽，要是我有時候忘記之前回過的答案，她還會大驚小怪的說我改變了愛的順序。

「馬麻，那全世界你最愛誰？」Showing 忍不住想知道，到底是誰位居我「愛的清單」第一名？

「我，我最愛我自己。」語氣依然平靜卻毫不遲疑。

「蛤？你怎麼會是最愛你自己啊？好好笑喔！哈哈哈哈！」

「因為我好好的愛我自己，我才有辦法好好愛你們每一個人。」我的回答那麼理所當然，萬分肯定。

如果這觀念可以教導傳承，我也希望 Showing 能夠像我愛自己般的愛她自己。

愛自己，才有能力愛別人

「一個愛自己的媽媽！怎麼可以？難道你不夠愛小孩嗎？」

我很愛自己，不代表我「只」愛自己。

我很愛自己，照顧好自己的身體，才有健康與體力去照顧好小孩，也才能與心愛的家人一起度過美好的每一天；我很愛自己，整理好自己的情緒，才不會輕易暴走，遷怒老公小孩，也才能專心營造溫馨快樂的家庭氛圍；我很愛自己，不願意犧牲任何夢想，努力嘗試各種可能性，因為我認為大膽突破現況的母親，能夠教育出勇敢負責的小孩。這是身教，更勝於言教。

我的角色很多，母親、妻子、女兒、業務副總、部落客、講師……，其中一個更重要的角色其實是「自己」。因此我每天會找時間跟自己獨處，聽聽內心的聲音，感受當下的情緒，注意自我的能量，並且隨時調整。

聽起來很不可思議，職業婦女白天埋首於工作中，晚上一踏進家門就會被各種家事纏住，不只要準備晚餐，孩子年幼時要餵飯，孩子大一點要調解他們之間的爭吵、幫孩子洗澡、陪玩玩具、唸床前故事，還要跟老公討論行程安排與家務，哪裡有時間跟自己獨處？

也因為如此，在成為媽媽後，我發現自己更需要不斷精進，學習高效資源管理、專案管理，更有效率的完成手邊上百件待辦事項。

再忙，也要有 Me Time

為了能與自己獨處，我嘗試各種找到 Me Time 的方法，試圖在煩亂的家務與小孩的尖叫聲中拾回一點屬於自己的時間。

孩子還小的時候，像陀螺般瘋狂旋轉的媽媽幾乎不可能有空閒，隨時會有突發狀況，一個晚上可能就要起身十幾次，連完整的睡眠都不可得。聽到辦公室同事討論時下最流行的電影、韓劇、歌手時，我完全一頭霧水。

那時候，我會盡量拼湊碎片時間，來享受一點娛樂。例如，在每次餵奶與擠奶的十五至二十分鐘閱讀小說，三個月後我終於看完了三本厚厚的《龍紋身的少女》系列；利用每天洗完澡吹頭髮的十分鐘看美劇，一個星期後我就可以拼湊著看完一集《傲骨賢妻》（*The Good Wife*）。

現在小孩大了點，Showing 上小學，小乖也能自己用餐、玩耍，我有了幾年照料小孩的經驗，少了點焦慮與驚慌失措，也比較不會有燃燒殆盡的疲憊感，我開始嘗試給自己更有質感的 Me Time，晚上盡量十二點左右入睡，晨起靜坐、運動、寫文章，在最精神飽滿的時段，跟自己對話、替自己充電。我發現這比起晚上趁小孩睡著後，忙碌了一整天精疲力竭、意志力薄弱，只有力氣滑手機、看影集的 Me Time，更有價值。

「幹嘛要這麼辛苦？」朋友曾經這樣問。

「這樣才不會疲憊。」我這樣回答。

媽媽每天都在燃燒、給予，電量不停的釋出，不堅持給自己一丁點充電時間的話，沒電還硬撐著要照顧全家，對老公、小孩、家庭是有毒性的。

我不希望孩子對媽媽的印象是「疲憊的、不快樂的、煩躁的、匆忙的、生氣的」，我希望自己給他們的印象是「開心的、幽默的、努力的、勇敢的」。開心的媽媽才有開心的孩子，也才會有開心的家庭。

媽媽是孩子的榜樣

電影《鋼鐵人》在真實世界中真有其人。這個角色的發想原型就是伊隆・馬斯克（Elon Musk），電動汽車特斯拉的執行長，同時也是 SpaceX 私人太空發射公司與 PayPal 網路第三方支付平台的創辦人。他曾經表示自己絕大部分的成功，都要歸功於他那位曾經是作家、營養師，從十五歲開始到現在近七十歲都還在從事模特兒的超模老媽梅伊・馬斯克（Maye Musk）。

梅伊說：「孩子知道我是非常努力工作的人。我的孩子都循規蹈矩，非常努力，一開始就非常獨立。」

身為兩個孩子的媽媽，我認真過生活，努力學習成長，希望自己成為更好的人、成為孩子的榜樣。

我們多少都相信，父母的作為與小孩的成長是正相關的，我們想知道小孩未來的樣貌，會不自覺的去觀察他們的父母。

父母對孩子的影響深遠，尤其是通常跟小孩較為密切相處的媽媽。若是媽媽在照顧家庭的過程中，失去了自己，那麼孩子的學習對象會不會就是「沒了自己的媽媽」？

他們的楷模又會是誰呢？

因為愛小孩，所以請你要更愛自己。

進階筆記

★先照顧好自己，才有體力照顧好小孩；先整理自己的情緒，才不會遷怒家人；先面對自己的人生，才能向孩子展現身教。

★媽媽每天都在耗損能量，請一定要給自己充電的Me Time，充飽電再出發，否則硬撐著可是會爆炸的！

★認真過生活、努力學習成長，成為一個更好的人、成為孩子的榜樣。若跟孩子連結最強的媽媽失去了自己，誰能當孩子的楷模呢？

★要先愛自己，才有能力愛別人。媽媽要懂得先愛自己，才有能力愛小孩。

28 放下完美，放過自己

「公司沒有我會破產，世界沒有我會完蛋，我一定要堅持，絕對不能休息！」你像一輛火車拚命往前衝衝衝，乘客順利搭車，貨物也快速送達，但你有發現輪子開始生鏽、鬆脫了嗎？

晚間十一點，我剛從辦公室離開，離開前確認信件已全數回覆、待辦事項清空、合約報價單也都審核通過。緩步走向停車場的路上，我順手查看了隔天的行事曆，吃驚的發現接下來一整天竟然都沒有安排任何會議，這狀況大概是近半年以來第一次發生。

思索了幾秒鐘，我傳訊給頂頭上司：「報告，我明天想請假在家放空，訊息、信件都會回，電話照樣二十四小時待命，可以嗎？」

「當然可以，還好嗎？有什麼是我能幫你做的呢？」主管秒速回覆，非常暖心。

「沒什麼事，您比我更辛苦，我不敢喊累。但我最近負面能量累積太多，需要在家冷靜、調整一下。」我認為自己的優點之一就是自我反省能力很強、同理心足夠。

「沒事，就去放空吧！累了就該懂得煞車調整，你這樣很好。」主管超有同理心，讓我好感動，燒乾的能量瞬間回血了一格。

連續忙碌了好幾個月，「累」倒是不至於，但越來越容易焦躁是真的。人沒有足夠的休息是會出問題的，沒有辦法清晰的看透問題本質，有突發狀況時更容易心急，對於需要帶領團隊、即時做決策的高階主管而言是很糟糕的狀態。

除了公務繁忙，小乖不知為何連續幾週會在凌晨三點到五點之間，突然起床找媽媽。他都安靜無聲的摸黑到我房間裡，就這樣二十幾公斤直接壓到我身上又瞬間熟睡，害我夜間猛然驚醒後，還得吃力的抱小乖回他房間，陪伴哄睡一陣再爬回房間睡覺。幾週下來累的我常唉聲嘆氣，睡眠品質差真的是冷靜思考的大忌。

剛好那幾日連續發生了幾次職場危機處理事件，要感謝同仁及時發現、及時勇敢承認錯誤，也在最短時間內依照我的指示進行修正，但我對於這些「不該發生的失誤」還是壓不住滿腔的怒火，連續噴發了好幾天。即便自認向來對事不對人，跟同仁們也算感情不錯，但這幾天明顯感受到全團隊的戰戰兢兢，連跟我報告事情都小心翼翼的。

我私下反省了壞情緒的來源，可能是過度疲勞、睡眠不足、對同仁要求過高，也可能是生理期快到了，經前症候群造成情緒不穩加上體力欠佳。女性天生就有身體機制上的限制，這是一項無法免除的現實。

但不管是什麼原因，我想我的確該休息一下了。

一味埋頭苦幹沒有功勞

我很喜歡的一則小故事是這樣說的：有位樵夫很努力的伐木養家，他日夜不停的砍柴，砍到斧頭都鈍了，連手也受傷了，於是砍柴砍的越來越慢。

有一天，路過的獵人勸他：「樵夫，你別這樣沒日沒夜的砍柴啊！歇會兒吧！把斧頭磨利，把手的傷口包紮好，再來砍柴會更有效率。」

樵夫聞言生氣的怒吼：「別鬧了！磨什麼刀？我連砍柴都沒時間了，哪有時間磨刀？哪有時間擦藥養傷？」

這故事有趣又易懂，警示我們若不適時休息放鬆、精練能力，不管花再多的時間與體力，都只有苦勞而不會有功勞。如此顯而易見的道理，深陷其中的樵夫卻看不出蹊蹺，就像當年不懂得休息的我。

放過你自己吧

當年懷著小乖的我，挺著大肚子去產檢，忍不住詢問婦產科醫生，為何這胎會從懷孕五個月就開始不停宮縮？醫生聞言立刻安排我做胎心音的檢測，並皺著眉頭查看報告，隨後我就收到了一張「緊急臥床通知」，並要我遞交給公司。原來，當時以身為工作狂為榮，驕傲無知的認為公司不能一日沒有身兼多職的我，因工作過勞嚴重影響了身體。醫生嚴肅的警告我：若再不躺平可能會流產。

我把緊急臥床通知遞交給主管，但由於當時公司人力嚴重不足，主管雖已開職缺招人卻還是緩不濟急，對於我的臥床要求不正面回應，大概是希望我能撐多久是多久。就這麼苦撐了一個月，終於應徵到新人，我花了幾天交接部分工作後，在某日晚上回到家中的停車場時，一踏出車門就嚴重宮縮到再也走不動半步了。

於是，我真的「緊急」臥床了。

從那天開始完全平躺到終於滿三十七週去催生，足足躺了一個多月。現在回想起來，我還真想不透那時候工作上到底有什麼事情比小乖、比我的身體還重要的。

年輕的我向來要求自己各方面都要達到滿分，在某日讀到《享受吧！一個人的旅行》（*Eat, Pray, Love*）作者伊莉莎白・吉兒伯特（Elizabeth Gilbert）以及臉書營運長雪柔・桑德伯格（Sheryl Sandberg）的座右銘：「完成比完美更重要」（Done is better than perfect.）時，我就決定要時常默念這句話提醒自己：「完成比完美更重要，公司沒有我不會破產，世界沒有我不會倒塌，休息才能走更遠的路。」

繃的過緊的橡皮筋會失去彈性，而且我的緊繃也會讓身旁的人無法放鬆。經過這幾年不停調整心態，我越來越清楚自己能力的界限，拳腳施展也有範圍限制，慢慢學會了適時的放手與放鬆，但一個不注意，逼自己到極限的老毛病還是偶爾會犯，得不停的提醒自己才行。

下班回到家裡，我打開人事系統，送出特休申請單，而請假原因欄位中大剌剌的寫著：「需要休息。」

是的，我終於學會放下自認的完美，學會適時的放過自己。至於隔天休假的我會不會自帶勞碌命，有接不完的電話、回不完的訊息呢？那又是另一回事了。

進階筆記

★在沒有足夠休息的狀態下，人沒有辦法清晰思考，也容易情緒失控，做事情往往事倍功半。

★不知道累了就該煞車調整，不懂得適時放鬆，花再多的時間與體力，都只有苦勞而沒有功勞。

★「完成比完美更重要。」少了自己，公司不會破產，世界不會倒塌，休息才能走更遠的路。

★學會放下完美，試著放過自己。

29
「媽媽守則」第一條：搞定小孩之前，先搞定自己

可以放心讓老公一個人在家顧小孩，自己獨自出國六天五夜，參加好姊妹的婚禮？更誇張的是，還能同意老公一個人到東京觀看棒球賽，而且保證這一來一往之間絕對沒有任何不情願，真的假的？

某個週末正逢月經來潮，加上剛歷經了一整週高壓、高強度的工作，腰疼屁股痠的我只想躺平、躺好、躺滿兩個整天。但週六剛好是池先生望眼欲穿的中華職棒開幕戰，他早早買好全家的熱區票，在我倆的共同行事曆上標註了日期，希望我可以排開所有行程，帶著兩小陪他去現場看球。

這樣大男孩般的心願，怎麼能不滿足他呢？

於是，全家出動陪爸爸到球場，媽媽我有一半以上的局數在遊戲區陪兒子玩耍，剩下的時間就在座位上自在的喝啤酒，笑看熱血球迷們隨著球團的辣妹跳舞，在配

合老公行程的同時自己找樂子。而且這次運氣好，球隊贏球，球賽結束後還有精彩的煙火秀可以看，就算不是鐵桿球迷的我也很享受這個歡樂週六夜。

隔天週日，池先生去參加社會乙組棒球聯盟比賽，我依然當仁不讓的在家一打二，放風池先生出門打棒球，讓他活絡筋骨也暫時遠離小孩的吵鬧與繁瑣的家務。

「這麼寵老公好嗎？」「這幾篇絕對不能讓我老公看到！」「覺得羨慕！我要來 tag 我老婆……」這週末的幾篇臉書打卡文引起大量留言湧入，但朋友們對我的「#老公就是嫁來寵的」系列貼文應該見怪不怪了。畢竟我最擅長的就是對老公好的時候，趕緊貼文刷好老婆形象啊！我可是有加公公、婆婆、小姑為臉書好友的呢！

其實，沒打卡貼文的更多時候，都是我在公司加班，池先生去接小孩下課、幫他們洗澡、送上床睡覺。或是我參加進修課程、聽演講、辦講座時，也是他帶著兩個小孩看電影、玩機台、到公園跑跳。這些，就盡量別讓公婆知道好了！

我相信，許多爸媽有了孩子後父愛、母愛大爆發，真心享受帶小孩的時間，捨不得離開孩子身邊半步，相當珍惜小孩進入青春期之前那段還願意跟爸媽黏在一起的時光。

但應該也有不少爸媽跟我們倆類似，有了小孩之後，極度懷念可以自在獨處、能夠跟朋友深夜約喝酒吃宵夜、到閨蜜家徹夜聊天、唱ＫＴＶ、看電影、夜衝擎天崗……那段「美好的往日時光」吧！

而我的「媽媽守則」第一條也就是：「搞定小孩之前，先搞定自己。」

注重 Me Time，也承擔 We Time

我覺得許多爸媽搞不定小孩，是因為他們早在處理小孩前就搞不定自己了。拚命的要幫小孩決定人生，是因為無法決定自己的人生；不知道怎麼教小孩探尋自我興趣，是因為自己生活太無趣；興致盎然的當「直昇機父母」，恨不得把自己跟小孩的人生捆綁在一起，就只是因為不知道怎麼過自己的人生。搞不定自己之前就要去搞定小孩，不只是自己很疲累，小孩更是無辜又無奈。

我當然不是自誇我帶小孩帶得比那些父母來的好，而是我相信，若花心力善待自己，就能夠以更好的狀態回應孩子的需求。

我跟池先生也因此有個默契，我如果安排一個晚上參加讀書會或聽演講，他就可以換得一個晚上去看現場球賽；而我如果安排一個週六或週日全天參加課程，學習簡報、教學、拍攝影片等等，他就可以安排一個整天去打球或幹什麼都行。

由於完全認同彼此的興趣、尊重對方的時程安排，讓我能理直氣壯的詢問池先生：「我大學同學要在夏威夷舉辦婚禮，你可不可以一個人照顧小孩，讓我獨自出國六天五夜？」果不其然，池先生不只大方的答應，甚至主動幫我訂機票、安排行程。對於這樣的寬容大度，我當然也知恩圖報，立刻讓他訂了四天三夜的旅行，一個人到東京看旅日台灣籍球員王柏融的球賽。

這樣的有來有往，我們既有了 Me Time 的各自放鬆，也有 We Time 的共同承擔，讓我們在面對因為小孩帶來的衝突時，得以用越來越成熟的心態處理與溝通；讓我們在承受小孩的瘋狂吵鬧後，得以有喘息平復的空間。

婚姻中適時「做自己」

相愛容易相處難，若相處時只希望另一半改變習慣來配合自己，甚至要求另一半忽視自我需求來屈就現況，那麼愛情自然會不斷的被消磨，彼此之間慢慢就只剩下委屈、怨懟與責難，到時候「相處」就比「相愛」更難上不只百倍了。

不少女性習慣在婚姻中縮小自己，放大媽媽與老婆的角色，把委曲求全當作一種賢良淑德的行為，卻在犧牲奉獻後，忍不住要期待老公、小孩珍惜自己的付出。然而有了期待就會有失落，有了給予就難免有索求，搞得自己委屈難受，身邊的人也承受莫大的心理壓力，實在不是很健康。如果可以在婚姻中適時的「做自己」，那我們能夠給予家人的能量與關愛一定可以更充沛，對吧？

好巧不巧，在池先生開心無比的棒球週末過後沒幾天，遇到我閨蜜的老公出差，我也大方安排了到閨蜜家過夜的行程。當天晚上我先回家幫兩個小孩洗好澡、吹好頭髮、親親抱抱送上床，在孩子床頭放置好隔天要穿戴的衣物，再輕手輕腳的出門。那晚跟著閨蜜邊看《波希米亞狂想曲》邊大唱「皇后合唱團」的經典歌曲，還喝酒聊天回憶當年我們在英國留學的點點滴滴，好不快樂。

隔天同事們知道我是從閨蜜家直接來上班，讓老公獨力處理兩個小孩起床刷牙、帶他們出門上課，無不驚訝的合不攏嘴。

根據英國心理學家羅賓．鄧巴（Robin Dunbar）的研究，好姊妹間的聚會有助於身心健康，可以強化免疫力，更能降低憂鬱的情緒。像這樣難得的自我療癒，可以給老公一個快樂的老婆，給孩子一個開朗的媽媽，不是很棒嗎？

進階筆記

★千萬謹記「媽媽守則」第一條：「搞定小孩之前，先搞定自己。」

★許多爸媽搞不定小孩，因為他們可能連自己都搞不定，就急著幫孩子決定人生，甚至把自己跟小孩捆綁在一起，導致自己疲累，小孩更是無奈。不如先善待自己，才能以更好的狀態回應孩子的需求。

★夫妻間除了各自能放鬆的 Me Time 之外，還要有共同承擔的 We Time。這有助於面對因孩子帶來的衝突，並以成熟、冷靜的心態處理與溝通。

★夫妻相處時別強逼另一半改變習慣配合自己，那樣只會讓愛情不增反減，也別忘了在婚姻中適時釋放壓力「做自己」，如此才能夠給予家人快樂的自己！

30 別活在別人眼裡，死在別人嘴裡

我們彷彿窮盡一身都在追求別人的「評價」：身為員工，在意主管老闆的評價；身為老婆，希望老公提到自己時，說的都是好話；身為媽媽，希望在管教上能獲得旁人的認可……，這樣難道不累嗎？

「Eva，你喔，就是太在乎別人的看法，所以才會活的這麼累！這本書很適合你，一定要看！」在一場聚會中，許久不見的好友S，隔著坐滿讀書會朋友的長桌，大聲對我提醒，口氣隱隱帶著譴責。

當時我們正在討論《名聲賽局》（*The Reputation Game*）是否該列入本年度待讀書單。我翻了翻書，突然看到這句話：「如果我們想要建立自信，想要感到快樂、充實，想要受到他人肯定的話，那麼我們一定要努力建立個人名聲。」喔？受到他人肯定？我終於聽懂好友的話，忍不住笑了。

「看來我們太久沒有見面了，我現在很放鬆、很自在，沒有什麼『太在乎別人看法』的問題了啦！」我笑笑的隔著長桌大聲喊回去。

「少來！我們雖然很少見面，但我光是看你的臉書，就知道你還是很在意別人的觀感！」多年好友對我的回應置之不理，顯然我的陳年老毛病讓她相當感冒。

我擺擺手，笑笑的沒再回應。不在意就是不在意，即便現在好友對我的認知跟我對自己的認知有落差，我也不急著去澄清或扭轉她對我的想法；即使我們之間有認知落差，我仍然能感受到她對我的愛與關懷。

我不否認我曾經是個「力求表現」「樂於獲得他人肯定」的人，也的確曾經活的綁手綁腳。還記得年輕時拚死拚活的工作，盡全力就是想獲得主管的認同。那時候如果主管說我做的很棒，我就會覺得我真的很棒；如果主管說我還不夠用心，我就覺得我的確沒有付出全心全意。

多年前的某一天，我把工作帶回家處理，凌晨一點多剛結束與羅馬尼亞分公司的通話，隨即電話又響起來，是我當時的主管。

「Eva，你在哪裡？為什麼我回公司沒看到你？我交代的事情做完了嗎？你真的……要再多努力一點啦！」主管劈頭就指責我不夠用心，還可以再加把勁。

記得掛掉電話後，我難過的大哭，傷心到像是全世界要毀滅一樣。怎麼會？我已經好努力了，怎麼還是被說不夠努力呢？

別把「符合別人的期望」當成人生績效

當時的我，把主管的評價當作工作的ＫＰＩ，當作衡量我工作成效的唯一標準，我忽略了自己處理事務的用心，輕賤了自己的付出。主管不認同，一翻兩瞪眼……就是指我不夠好。

因為這種「努力在別人眼裡閃耀」「獲得他人肯定」的毛病，讓我長期處於不停把自己逼到極限的燃燒狀態。當時胃潰瘍、胃食道逆流是我的日常，總是隨身攜帶各種胃藥、感冒藥、止痛藥，完全不理會這些疼痛是身體過勞的警訊，好像符合所有「別人對我的期望」才是我的人生績效。

這種情況延續到我懷第二胎時，因為過度用力工作導致差點流產，最後臥床休息直到生產，我才有那麼一點醒悟過來。

其實，「別人的肯定」根本不值我半毛情緒成本。

所有人對於其他人的評價，都是來自於「本位主義」，也就是從他們自己的角度出發的。

主管說：「你工作還不夠努力。」真實的意義是：「如果你可以完成×××並達到○○○，讓我對上頭好交代，對其他部門有面子，那就太好了！」

對你產生評價或偏見，其實也不是他們故意的。這是人類的生存法則，我們必須對所有人事物貼上標籤、加以分類，才能在最短的時間判別：我們到底要怎麼應對這些人事物？該如何自處？

「你是好員工，不需要我擔心」「你很懶散，需要我提醒」「她力求表現、愛拍馬屁，我可以討厭她」「他全心全意愛我，我可以放心付出」……諸如此類，我們評價，只因方便應對。如果我們對一個人絲毫沒有印象與評斷，那這個人就等同沒有存在於「我的世界中」。

你知道嗎？他對你的評價與「你」無關，只與「他自己」有關。

你就是你，本質上沒有改變

我們當然會希望自己在別人眼中的評價是正面的，但我們也應該理解：別人的評價內容，或許會影響我們的工作考績或升職加薪機會，但不會影響我們的本質一絲一毫。

讀書會中，許久不見的好友H對我說：「你真的很厲害，工作已經這麼忙碌了，下班還能聽演講、開讀書會，抓緊時間充實自己。」我笑了笑，揮揮手說沒什麼。

被誇獎當然是開心的，我也不例外。但於此同時，也可能有人對我的評價是：「你真的很自私，工作已經這麼忙碌了，下班還不在家陪老公小孩，他們好可憐。」

若聽到這兩種極端的評價，我也許會感到開心或受傷，但是這些評價都不能決定我的行為到底是「好」還是「壞」。不管這兩種評價有沒有出現，或是以什麼形式出現，我的行為或是我的心態，在本質上都沒有改變。

換個場景，我們來看看兩種關於職業婦女轉任家庭主婦的意見：

「你放棄了大好的工作機會，全心全力照顧家庭，讓老公沒有後顧之憂，你真是個好媽媽、好太太！」

「你教育程度這麼高，卻只在家裡帶小孩，枉費你爸媽用心栽培，你活得沒有自己，真可悲。」

也許人們的閒言閒語不會中斷，但你就是你，目前無論是在職場打拚或在家帶小孩的你，本質上沒有變。

身為媽媽，我們的角色非常多，若是每個面向都想拿到「別人眼中的一百分」，那麼「放棄達標」會是我唯一的建議。身為員工，在意主管老闆的評價；身為媳婦，希望公婆讚許有加；身為老婆，希望老公出去提到自己的時候，說的都是好話；身為媽媽，希望在管教上能獲得旁人的認可，孩子在別人眼中表現的既乖巧又有家教……。

但別人眼中的你、別人嘴裡的你，是真實的你嗎？

誇獎你是好員工，是因為你當時剛好幫公司賺錢、讓主管省心，但如果你幫公司賺錢的商業模式，剛好逆著市場趨勢走，導致公司沒有發現風口即將轉變，未能及時應變進而倒閉，你之前的「好員工」行為則成了害慘公司的「罪臣」。

所以你到底是好員工，還是壞員工？

人人誇獎你是好媽媽，分分秒秒為孩子著想，替他報名各式各樣的補習班，每天接送、檢討功課、安排升學。但若是十多年後，孩子無法自理生活，原因是你從小替他打點著想，讓他失去了自主能力。

所以你到底是好媽媽，還是壞媽媽呢？

追求評價與肯定，就等同於試圖捕捉空氣。評價與肯定是空的，而你，是疲累且白忙一場的。

活在別人眼裡，死在別人嘴裡，你累不累？

進階筆記

★我們對他人的評價大都基於「本位主義」，從自己角度出發，給人事物貼上標籤、加以分類，目的是便於應對與自處。

★千萬別為了得到「他人的肯定」，犧牲自己的情緒成本、身心健康，甚至忽視自己的努力付出。

★他人評價不能決定自己是「好」還是「壞」，我們的行為和心態，本質上並沒有因此而改變。

★追求評價與肯定，就如同捕捉空氣，注定是白忙一場。

31 太委屈？別讓期待落空傷到心

「明明是別人的錯，老闆這樣責備只讓我覺得切心，他根本不挺我！」該在意老闆的態度，還是自己把事情做的好壞？被老闆或別人稱讚「好棒棒」重要嗎？

難得有個空閒的夜晚，能夠參加好友數個月前就邀約的聚餐，那天的氣氛輕鬆歡樂，笑聲不斷。晚餐過後，剛好與老友 Sophie 一起走去捷運站，順便消化滿肚子美食。

「Sophie，最近工作還順利嗎？」晚餐時我跟 Sophie 坐斜對角，沒聊上天，她跟我一樣是工作狂，很自然的順口問了她的工作近況。

「說實話不太好，最近想閃人了。」她一臉不開心，看似賭氣的放話要辭職。

「怎麼了？是工作本身的問題，還是人際上的困擾？」我慢下腳步望著

Sophie，向來衝勁十足的她看起來有點疲累。

「我一直都很拚，全心全意專注在工作上，你也知道。」她看我點點頭，繼續說：「我本來以為我老闆也知道，但他最近真的讓我覺得……不值得為了他而拚命。」

Sophie 是個王牌業務員，在工作上一直保持全速衝刺，她一個人的業績幾乎可以養活半個事業處。然而，最近因為採購缺料與產品排程的失誤，讓某個重要客戶震怒，直接向她老闆嗆聲要換供應商，讓 Sophie 在焦頭爛額之際，還要承受老闆排山倒海而來的怒氣。

「但明明錯在採購跟產線，根本不在我身上。而且，拜託！這是我的客戶，不用他罵，我本來就會想辦法把事情搞定好嗎？老闆這種反應只讓我覺得切心，我幫他拿下多少案子、賺進多少錢，他有算過嗎？」Sophie 感到心灰意冷。「算我白痴，我幹嘛要為了老闆這麼努力！」

我聽出了 Sophie 話中的委屈。委屈的原因，是她老闆的不力挺、不認同，她在意老闆的態度，更超過在意自己是否做對了危機處理的每個細節。

別搶當芭樂劇女主角

我跟 Sophie 都是職場上的女性主管，我向來認為女性特質有利於工作發展，因為「韌性」很足，能剛強也能柔軟，相較於男性，女性比較沒有身段的包袱。

而高敏感度也是職場女性的利器，能夠同理他人、化解僵局，但也可能傷到自己。我以前就常常情緒高昂的像個武將一樣全力拚搏，但是對於主管與同事的認同與否，卻像個小媳婦一樣敏感。

彷彿我不是在完成工作，而是如同 Sophie 說的「為了老闆而拚命」。這樣的心態讓我只要沒有獲得期待中的認同與鼓勵，就會感到非常委屈，甚至有段時間我在 KTV 的主打歌就是陶晶瑩的——「太委屈，連沒升職都是讓我最後得到消息……」

我完全理解 Sophie 的心情，那是一種「我覺得我的努力、認真與優秀，你應該懂，你不懂就是你的損失。」這樣委屈的感覺，讓人不會替自己辯解，因為再說什麼都只是徒增難堪而已。你不認同我，大不了我轉身就走！

後來我才發現，根本不需要搶著去當芭樂劇的女主角，因為並沒有這麼多複雜的劇情，一切都是自己憑空想像出來的。

其實，「委屈」來自於「期待獲得認同」與「實際獲得認同」之間的落差，而消滅這個落差的方法，就是把「認同的給予權」拿回自己手上。

專注做好事情，不執著於結果

我拉著 Sophie 到路邊的階梯坐下，拿出剛剛從餐廳外帶沒喝完的兩瓶啤酒，兩個女人就這樣喝起來，我邊喝邊跟她分享我很喜歡的一則故事：

在美劇《絕命毒師》（*Breaking Bad*）中飾演主角華特的布萊恩・克萊斯頓（Bryan Cranston），曾在某大學的訪談中提到，他有好一陣子只能在電視劇中客串一些不起眼的小角色，同時靠著拍廣告謀生，總覺得自己的藝術生涯快要走到盡頭了。那時的他去試鏡時，得失心很重，甚至在等候區看到其他知名演員來試鏡，就會感到既氣憤又苦惱，很怕角色被他們搶走，但後來他調整自己的心態，也從此扭轉了職業生涯。

接著他對大學生分享了寶貴的人生經驗：「試鏡時不要認為你是去『爭取』

那份工作，而是去『給』他們你的表演。因為，沒人想要雇用一個需要工作的人，而是想雇用對自己做的事情有自信的人。

當你把自己放在『有所求』的位置時，你就把力量和控制權，讓給那些你不認識的人了。力量會從你內在蒸發不見，你也失去了對自己的控制。」布萊恩的這段話讓我印象深刻，這不只在談求職、面試，而是可以運用到生活中大大小小的事情上。

布萊恩誠懇的表示：「自從我轉換了想法後，如果我的對手獲得了角色，我也能夠真心誠意的恭賀他，因為這是他的角色，他演活了，而不是我。這就像是在地上撿到別人的皮夾，把它還給主人時，你不會生氣，因為這本來就不是你的。」

把自我認同的能力拿回手中，這種改變成了他事業的轉折點，最終帶領他以《絕命毒師》三度蟬連艾美獎劇情類最佳男主角。

你比想像中更不需要他人的誇獎與認同

故事說完了，在昏暗的路邊，我望進 Sophie 燃起亮光的雙眼。「成功就是集中所有注意力在你所愛的事情上，專注做好自己的表演，但不要執著於結果，不要執著於別人的認同。」

「工作跟生活也是這樣。就像《被討厭的勇氣》這本書裡說的，把認同的主控權拿回來，不要讓自己有任何機會耍賴，別把自己是否願意付出、成功與否的責任放在別人身上。這樣就不會有得失心，就不會有期待落空的委屈或難受。」

我常收到「女人進階 To be a better me」粉絲的求助訊息，最近一則是：「Eva 你好，我是個全職媽媽，雖然沒有工作壓力，但我常感到焦慮。我已經很努力照料家裡了，還是常常被老公跟婆婆唸。雖然可能是我自己沒把事情做好，但是他們的態度讓我好委屈、好難過，我覺得似乎都是我在配合別人，希望別人過得好，卻沒有得到任何感激。我想做自己，但一有衝突就會放棄自我，去討好他們，而且就算我這樣做，仍時常被抱怨，老公跟婆婆還是對我不滿意……我好累喔……」

不管是公婆、另一半、爸媽、老闆或是同事，只要你把「自我認同」的權力交到別人手上，就設定了期待，然後十之八九會有落差，你的情緒起伏也因此受到對方一舉一動的牽引。這是非常不健康的，也是時間與能量不必要的損耗。

我們不需要把時間花費在注意別人怎麼看我們，糾結於為什麼別人不懂我們的付出。如果覺得自己做到位，所有細節都顧到了，別人的不認同就不會帶來傷害。如果被他人的話刺傷，有百分之九十八的可能性是「我們自己也這樣認為，只是被他人說出來了。」

這樣的難堪勢必會有，但在情緒過去之後，靜下心來分析一下：「嗯，沒錯，我生氣是因為我自己也覺得我做不好，那我是不是可以承認錯誤，找出解決的方法呢？」我們的專注力就會回到如何解決事情，而不是瘋狂撩起自己的負面情緒。

Sophie 拿起啤酒瓶，輕輕敲了一下我的。「我懂了，認同感不靠別人，老娘我自己給！」我們笑了起來，一起仰頭喝完最後一口啤酒。

進階筆記

★「期待獲得認同」與「實際獲得認同」之間的落差造成「委屈」的心情，掌握「認同感的給予權」有益於消除落差。

★把自己放在「有所求」的位置時，等於將力量和控制權拱手送給他人。

★若輕易被他人的話刺傷，會不會很有可能是自己也這樣認為，只是被他人說出來了？這時要做的不是撩起負面情緒，而是勇於承認錯誤，專注解決問題。

★集中注意力在喜愛的事情上，並把它做好，停止執著於結果以及別人的認同，成功往往水到渠成。

32 什麼是真正的「愛自己」？

我一直很好奇，為什麼有這麼多女性雜誌、女性名人宣揚著「女人要好好愛自己」的觀念？為什麼說的都是女人？女人不愛自己嗎？不就有句話說：「人不為己，天誅地滅」嗎？

坊間太多兩性書籍、網路文章不停的在提倡女人要「多愛自己一點」。網友轉貼著「愛自己的八個法則」「檢測是否夠愛自己的三步驟」「學習愛自己的SOP」，更有不少女性名人在公開訪談時，振臂疾呼：「女人……真的要好好愛自己啊！」

我曾經很疑惑，「愛自己」這件事情為什麼需要別人來對你循循善誘？畢竟，你自己都不願意愛自己了，別人又何必在乎？而且，為什麼普遍認為「女人」比較不夠愛自己呢？

或許，因為女人很常在愛情中委曲求全，為難自己。甚者，女人常在婚姻生活中犧牲奉獻，沒了自己。

但我發現，這社會卻不停的恭維著女人的溫柔謙讓，讚揚著媽媽為了小孩奉獻自己的情操，類似的故事不停的被傳頌著，媽媽為了小孩放棄工作、夢想、自我，就為了成就另一半的事業與小孩的未來；媽媽啃著魚頭和魚尾巴，還笑著說自己就是愛吃這部位的魚肉，其實是為了讓還在成長中的孩子能盡情享受肥美的魚腹肉。

在一個女人只要過度犧牲奉獻、成就他人，就會被誇獎讚揚的社會裡，女人愛別人多一點，愛自己少一點，好像變成再自然不過的事情。

無關犧牲，只是選擇

不要誤會，我認為媽媽真的很偉大，為了小孩，把自己縮的很小，捨棄了許多層面的需求。但老實說，我不喜歡這樣瓊瑤小說般的自我犧牲情節。這造成了一個很重的框框，框住了「母親」這個角色，好像母親如果把自己擺在第一順位，就是不夠偉大、不夠愛老公、小孩。

我更不喜歡女人利用這樣的「受害者心態」來襯托自己的偉大，更糟糕的是利用這樣的「宿命感」來說服自己，跟自己的軟弱妥協。

「我不是不去爭取，而是我現階段更重要的是家庭」「我也有夢想，但小孩需要媽媽的陪伴」。然而，這樣的犧牲有時搖身一變，成了握在手上的令箭：「我為了你放棄一切，你怎麼還可以愛上別人？」「媽媽為了你們這麼辛苦，你們怎麼可以不聽我的話？」

但說穿了，一切都只是「選擇」罷了，是每個當下對自己最好、最適合的選擇，無關犧牲，更無須說嘴。你可以選擇離開職場，在家裡照顧小孩，但那是你在評量了各個面向後得出的最好結果。

如果選擇了離職，或許可以解決保母費的沉重負擔，解決家中財務的燃眉之急，卻必須接受在家全年無休、隨時待命的疲勞，或是承擔之後二度就業的高門檻。但優點是可以有更多時間陪伴小孩，盡情發揮母愛，擁有看著孩子成長的幸福喜悅，勝於工作有形或無形的收穫。

反過來說，如果選擇全力衝刺事業，只當個週末媽媽，那也是評估了各面向的獲得與犧牲後，對自己最適切的選擇，畢竟人不為己，天誅地滅。

不論是否在當下做出了讓步與妥協，那往往也只是因為我們不想面對硬碰硬的爭吵場景，或不敢承受撕破臉的後果，而做出的選擇罷了，不是嗎？

勇敢承擔選擇的結果

那麼，為什麼犧牲奉獻的宿命牌，永遠有人買單呢？

或許，「愛別人」是最方便的卸責原因。當委屈求全的理由是「愛別人」，似乎沒有人可以責備你選擇、考量的不夠周全。為愛犧牲的你，好像怎麼做都是對的，即便之後的發展沒有美好結局，周遭的人好像也不會責怪你，反而會覺得你可憐、傻氣。

但是這種雙邊討好的犧牲，又何嘗不是一種不敢承擔的軟弱？

為了對父母的愛，不去投入自己喜歡的工作，遵從他們的期望選擇職業，即便工作的非常不開心，好像別人也無從譴責你的服從，而會將矛頭指向限制兒女自我發展的父母。

為了對小孩、老公的愛，放棄高薪的收入、美好的前途、出國進修的夢想，在家洗手作羹湯，就算之後老公開始嫌棄你是黃臉婆，小孩長大離巢後，難以再次進入職場，大家也只會對你投以憐憫的眼神。

「憐憫」比起「譴責」，承受起來簡單多了，對嗎？

「愛別人」絕對是非常合理的選擇，但當你在衡量當下所有得失後，選擇了「愛別人」帶來的滿足感，也要一肩扛起這個選擇的風險，並且積極的去預防與管理。

就像是大學選科系、進社會選工作、進賣場選水果一樣，自己的選擇，自己承擔。在關鍵時刻選擇了愛，就把選擇扛起來，這是一種女人該有的勇敢。

而當你確定可以勇敢承擔任何因為「愛別人」而做的選擇，承受將來可能不如預期的結果，沒有任何埋怨與委屈，擺脫了受害者的宿命感，那麼，其實你也同時選擇了「愛自己」。

「愛自己」不代表不愛別人，不代表自私，更不代表你因為要讓自己開心，而犧牲了任何人的利益。「愛自己」只是單純的表示，你很清楚任何一個當下，做的每一個選擇，都是聽從自己內心的聲音，勇敢承擔利弊得失的結果。

這種篤定、勇敢、堅強、不帶任何宿命論、不打任何犧牲牌，甚至不替自己留一個寧願被憐憫也不要被譴責的後路，就是「愛自己」。

你，有好好愛自己嗎？

進階筆記

★「愛自己」這件事情，為什麼需要別人來循循善誘，甚至大聲疾呼？畢竟，連自己都不願意愛自己了，別人又何必在乎？

★女人不該用「受害者心態」來襯托自己的偉大，或是利用「宿命感」來說服自己跟軟弱妥協。這些其實都是當下做出最適合自己的「選擇」罷了，無關犧牲，也無須說嘴。

★捫心自問，你的選擇是無私的犧牲奉獻，還是不敢承擔的軟弱？

★「愛自己」不代表只愛自己，不代表自私，更不代表犧牲任何人的利益，而是聽從自己內心的聲音，很清楚的做出選擇，並勇敢承擔利弊得失。

33 挑戰自我一百天不斷電

當媽媽之後，你會發現「努力就會有收穫」不過是一句夢話。尤其是根本沒辦法控制自己的作息！然後，在這樣一波又一波的挫折感打擊下，漸漸就忘記怎麼開心，忘記怎麼重拾對人生的控制權了……

清晨五點多，我小心翼翼的摸黑爬下床，不擔心吵醒身旁的老公，倒是非常害怕那時還睡在嬰兒床上的小乖會睜開眼睛找媽媽。胡亂抹上防曬、換上全套運動裝備，我出發到河堤跑步去。

我不擅長也不特別喜愛跑步，五公里是我的極限，而且暖身、跑步、收操加起來就要花上我整整一小時。收操也經常收得不怎麼確實完整，因為我要趕在孩子們起床前回家，抓緊時間送他們出門上學去。

這是我曾經為期三十天的生活。

我並不是每天都有這麼健康的作息，只是因為我時不時會在我的粉絲頁「女人進階 To be a better me」上開啟挑戰活動，而那陣子剛好是為期三十天的「早睡早起心情好——習慣養成挑戰」。簡單來說，就是邀請粉絲團的朋友一起挑戰連續三十天早睡早起，而且我當時還替自己加碼了「一百天運動不斷電」的挑戰，非常典型的「自找麻煩」。

我在「女人進階 To be a better me」上舉辦過為數不少的挑戰，像是曾經挑戰連續運動三十天不斷電、二十一天喝水戒含糖飲料、連續一個月每天寫下一則小確幸……，大大小小數十個挑戰。後來即便忙到沒時間在粉絲頁辦活動，我還是常設定一些限時的挑戰目標督促自己達成。

常有朋友問我：「你平常工作、顧小孩就忙的要命了，幹嘛還搞什麼挑戰累死自己啊？」

我想，我是對挑戰上癮了吧！

與其說是挑戰，不如說是抓癢

「上癮」這件事必須依循特定的迴路：首先，要有一個「不舒適的觸發點」，讓人想解決這種騷癢感，進而引發「類似抓癢的動作」，以減輕不適。進行動作之後，會獲得一種「愉悅的刺激」，排除或是忘卻不適感。而愉悅的感覺會正向增強我們對於這個動作的依賴。

因此這個特定的迴路就是：不舒適的觸發點（癢）↓行動（類似抓癢的動作）↓回饋（愉悅的刺激）。

跟抽菸、喝酒、滑臉書、玩電動很類似，只不過我上癮的是「強迫自己連續數天做一件略為艱難的挑戰」。

早睡早起很困難嗎？只有一天的話還算容易，但要連續三十天早睡早起，這就得考驗意志力了。如果今天睡前剛好有朋友傳訊息跟你討論一則八卦；或是男友臨時約你看深夜才散場的電影；又或是你看了一集韓劇，剛好結束在最糾結的劇情，你非常想知道後續發展，這些狀況都有可能讓挑戰破功。記得，是挑戰連續三十天，不可以中途跳票！

想要完成挑戰，需要每天發揮一丁點自我控制能力、危機處理能力、時間管理能力、專案規劃能力，或許還要培養一點快速入眠的訣竅。說難不難，但真的沒這麼簡單。

所以每達成一天的目標，隔天在打卡區留言打卡時，就會特別有成就感。那種為自己驕傲的感覺，就是一種「愉悅的刺激」，會增強我對挑戰另一天早睡早起的認同與依賴。

所以挑戰本身，就是一種「類似抓癢的動作」囉？那「不舒適的觸發點」是什麼？

因為人生失控，才急於抓回主控權

老實說，我不是為了鼓勵粉絲，或是追求跟版友共同成長而開啟挑戰活動。我非常單純就是為了我自己，我也從不對版友隱瞞這件事，而且，我老愛在生活最失控忙碌、挫折無助的情況下開挑戰。因為我迫切需要，並且極度仰賴「挑戰」帶給我的一切，以消除、減輕我不停冒出頭的焦慮。

這種有點變態的自我療癒習慣，是在我成為媽媽之後才養成的。

不為什麼，就因為當媽之後，生活就是一連串的失控與挫折感。

從小到大，我總信仰著「努力就會有收穫」。如果想要有好一點的成績，就少看點小說漫畫、多讀點教科書、多寫點練習題。如果想要身材好一點，就多運動、多留汗、少發懶、少吃鹽酥雞。如果想要漂亮一點，就勤保養、學化妝、練穿搭。

總之，要怎麼成功就要怎麼栽。網路上各式各樣的攻略、懶人包這麼多，人生中不管遇到什麼難題，總是找得到解決方法。幸運一點的，還可以找到提高效率的小撇步，快速解決大大小小的難題。

但自從當媽媽之後，我人生第一次失去主控權，第一次發現「努力就會有收穫」不過是一句夢話。

首先遇到的就是：你根本連自己的作息都沒辦法控制！

「小孩睡過夜」這件事情在親子論壇、媽媽社團中總不斷被拿出來瘋狂討論，網路上有百百種方法與建議，你當然可以每天嘗試一種新方法，即使如此，你還是無法肯定孩子安然入睡後，會不會在兩小時內瘋狂哭醒，讓人徹夜不能成眠。

隨著孩子一點一滴的成長，接下來脫離控制範圍的事可就多了：小孩不吃你希望他吃的食物；小孩不玩你好不容易買到的玩具；你再怎麼辛苦教學，小孩就是不肯開口說話；他甚至還穿不慣你買的尿布品牌！

再來，失控的不只是小孩，不只是你的作息，更可能是你的體重、工作、跟另一半的感情，因為你根本無暇照顧你自己，你成日都在焦慮著如何讓那失控的小孩睡多一點、吃好一點、笑容多一些。然後，你就會在這樣一波又一波的挫折感打擊下，忘記怎麼開心，忘記怎麼重拾對人生的控制權⋯⋯。

我就是這樣開始自我挑戰的。

因為我需要事實證明：「我可以透過自己的力量，去達成我的目標。」我需要靠自己建立自我認同：「我還是有辦法控制人生中的一些事情，就算只是一些看似微不足道的瑣事。」

從自我挑戰運動一百天不斷電開始，後來還邀請同事加入，接下來在「女人進階 To be a better me」臉書粉絲頁上，招集到上百人跟我一起挑戰。這幾年來，幾十場挑戰，不只消除了我的焦慮挫折感，更讓許多人跟我一起體會到那種驕傲又滿足的成就感。

就算再累再忙，在挑戰期間，我就是有辦法每天抽空運動；就算再多干擾與誘惑，我還是可以堅持早睡早起的作息。而這樣的堅持，不是為了馬甲線，不是為了健康養肝，而是為了累積每天那一丁點的成就感與自我認同。

這些許成就感，會讓我在教養小孩的挫折感中，有勇氣繼續前進；這些自我認同，會讓我在好多失控人事物的打擊下，還保有持續相信自己的能力。

你也覺得最近的生活好崩潰、好失控、好茫然嗎？

不如來一場自我挑戰吧！

進階筆記

★上癮依循特定的迴路：不舒適的觸發點（癢）↓行動（類似抓癢的動作）↓回饋（愉悅的刺激）。

★想要完成挑戰，每天搭配一點自我控制、危機處理、時間管理、專案規劃的能力，並找到訣竅。正因為不簡單，所以很有成就感。

★挑戰帶來的成就感，讓人在挫折中得到勇氣；挑戰帶來的自我認同，讓人在失控的狀況下仍相信自己。

★面對生活中一連串的失控與挫折感，自我挑戰可以開啟上癮的迴路，療癒自我。

34

為了你，我想成為更好的人

迎著狂風暴雨一直往前衝，就算遍體鱗傷，仍執著於進步、堅持達到目標，這樣的人少之又少。若真的能做到，必定是有極度強烈的動機，願意跨出舒適圈。然而，這種強烈又持久的動機從何而來呢？

某個長假正是追劇、看電影的好機會，臉書上的好友們也紛紛推薦許多影集與電影，我被其中一部老電影的心得文打動，便找來與池先生一同觀看。

《愛在心裡口難開》（*As Good as It Gets*）是一部一九九七年的愛情電影，男主角是傑克．尼克遜（Jack Nicholson），女主角是海倫．杭特（Helen Hunt），兩人同時以此片榮獲奧斯卡金像獎最佳男、女主角獎，也讓此部電影奠定了經典地位。

男主角是個脾氣惡劣且患有潔癖強迫症的作家，遇到讓自己傾心的餐廳服務生後，心理與生活狀況越來越好，慢慢走出苦悶黑暗的生活。其中經典的一幕是男主角試圖讚美女主角時的對話：

男：「我開始嘗試吃藥治療（強迫症）了。」

女：「我不明白，這是在讚美我嗎？」

男：「你讓我想成為一個更好的人。」

女：「……這是我這輩子聽過最好的讚美。」

You make me want to be a better man. 你讓我想要成為一個更好的人。

當你遇見了一個值得付出的人，唯一想到的，除了對他好，就是讓自己更好。因為他，你驚覺了自己的不足，希望讓他看見你的好，並且讓自己有足夠的能力跟他一起進步。

雖然說起來好像風馬牛不相及，但是當我成為媽媽之後，「努力想成為一個更好的人」也是我自己的深刻體會。「女人進階 To be a better me」粉絲頁就是在我成為媽媽約莫一年後所成立的，粉絲頁中分享的內容也隨著我的成長而成長。

養育孩子是不間斷的挑戰

大家都說孩子是一張白紙，而媽媽就是替他增添色彩的第一枝畫筆。在當媽媽之前，我只需要當「自己」，好與不好都由自己概括承受。但是身為媽媽，你會開始想：我夠不夠好呢？能不能教好孩子？如果因為我的不足，讓孩子也不夠好，該怎麼辦？

從教養小孩開始，我觸發了無止盡的焦慮感。

其實，表面上看來就只是有小孩加入日常生活中罷了，但所有事情都因此而改變。以前在面對這個世界的挑戰時，我總是能好整以暇的迎接、承受，但是在當了媽媽之後，各個面向的應對好像都吃力了起來，讓人忍不住懷疑自己，是否從日常技能到心理素質都「有待加強」？

在教導孩子的過程中，我開始深刻的認識自己、檢討自己，這才驚覺到許多不足之處。我情緒控制能力怎麼這麼差，這樣可以教出高情商的孩子嗎？我時間運用怎麼零零落落的，這樣有辦法兼顧工作與陪伴小孩嗎？我有足夠的理財能力，以便籌備小孩未來的教育資金嗎？在面對小孩的十萬個為什麼，我的回答是否具備豐富的世界觀、人文體察與同理心呢？之前都是外食的我，有辦法煮出好吃又營養的餐點讓孩子健康長大嗎？

我希望讓孩子看見我的好，以言教與身教成為孩子的模範，並且希望在這快速進步的世界有足夠的能力跟孩子們一起成長。那種極力想成為更好的人的想法，就跟傑克·尼克遜想證明給海倫·杭特的一樣，甚至更強烈、更長效，而且無法撒手放棄、轉頭就走。

老實說，懶惰本來就是人類的本性。燃燒拚命了一陣子，會忍不住想：「那麼認真幹什麼？」「休息一下好了，不需要太苛求自己吧？」「累死老娘了，我不幹了！」

那種迎著狂風暴雨一直往前衝，就算全身遍體鱗傷，仍然執念著要進步，追求達到目標的人，本來就是鳳毛麟角、少之又少。而這種人，一定是找到了極度強烈的動機，讓他願意跨出舒適圈，一直處於不舒服的挑戰狀態。

愛情，好像無法燃燒這麼久。那麼這種強烈又持久的動機，會是什麼呢？

透過孩子的眼睛，看見理想的自己

這讓我想到另一部電影，長年來盤據我最喜愛電影清單的第一名：《當幸福來敲門》（*The Pursuit of Happiness*）。改編自美國投資專家克里斯・葛德納（Chris Gardner）的真實勵志故事，男主角是威爾・史密斯（Will Smith），而劇中飾演他兒子的小孩，正是他真實生活中的親生兒子。

男主角面對破產、妻子離去，他只能和孩子露宿街頭，又窮又苦，但他沒有放棄努力改善生活，再怎麼艱苦難熬，他依然積極去面對生活中的大小難題，而讓他咬牙撐下去的，是身為父親的責任。

片中有一幕經典畫面，男主角與兒子一起打籃球時，兒子說他想選擇籃球員作為未來職業，男主角立即告訴兒子打籃球的收入難以維持生活。聽到父親的回應後，兒子悶悶不樂的收起籃球，不發一語。

此時，在生活中一再被現實打擊、遭他人拒絕潑冷水的男主角，意識到他也成為了潑兒子冷水的人，於是他省思片刻後，嚴肅的告訴兒子說：「若你有一個夢想，你就要捍衛它。那些自己辦不到的人會試圖告訴你『你也辦不到』。如果你是真心想要那樣東西，那就去爭取。」這段話激勵了兒子，同時也激勵了他自己。

如果沒有兒子的存在，他不會這麼努力；如果沒有透過兒子的眼睛看世界，他不會看到自己的局限；如果沒有兒子的仰望，他也不會想活出一個模範。

而這幾年來的我，也是這樣的。

回顧了兩部經典電影，我像是頓悟般的了然於胸：就是因為成為了母親，我心甘情願努力成為一個更好的人。

進階筆記

★當遇見了一個值得付出的人，除了對他好，也會希望讓自己更好，並且跟他一起進步。

★一旦有強烈的動機，就算全身遍體鱗傷，仍願意跨出舒適圈，持續挑戰前進。

★因為孩子的存在，有了努力的動力；因為透過孩子的眼睛，看見理想的自己；因為有孩子的仰望，而希望活出一個模範。

★成為了母親，盡力成為一個更好的人。

國家圖書館出版品預行編目資料

勇敢如妳 To be a better me / 張怡婷著. -- 初版. -- 臺北市 : 商周,
城邦文化出版 : 家庭傳媒城邦分公司發行 , 2019.08
面； 公分

ISBN 978-986-477-698-6（平裝）

1. 職場成功法 2. 職業婦女

494.35 108011426

勇敢如妳 To be a better me

作　　者／張怡婷 Eva
責任編輯／黃筠婷、程鳳儀

版　　權／黃淑敏、翁靜如
行銷業務／林秀津、王瑜
總 編 輯／程鳳儀
總 經 理／彭之琬
事業群總經理／黃淑貞
發 行 人／何飛鵬
法律顧問／元禾法律事務所 王子文律師
出　　版／商周出版
城邦文化事業股份有限公司
台北市中山區民生東路二段 141 號 9 樓
電話：(02) 2500-7008 傳真：(02) 2500-7759
E-mail：bwp.service@cite.com.tw
發　　行／英屬蓋曼群島商家庭傳媒股份有限公司城邦分公司
聯絡地址／台北市中山區民生東路二段 141 號 2 樓
書虫客服服務專線：(02) 25007718・(02) 25007719
24 小時傳真服務：(02) 25001990・(02) 25001991
服務時間：週一至週五 09:30-12:00・13:30-17:00
郵撥帳號：19863813 戶名：書虫股份有限公司
讀者服務信箱 E-mail：service@readingclub.com.tw
城邦讀書花園 www.cite.com.tw
香港發行所／城邦（香港）出版集團有限公司
香港灣仔駱克道 193 號東超商業中心 1 樓
電話：(825)2508-6231 傳真：(852)2578-9337
E-mail：hkcite@biznetvigator.com
馬新發行所／城邦（馬新）出版集團【Cite (M) Sdn Bhd】
41, Jalan Radin Anum, Bandar Baru Sri Petaling,
57000 Kuala Lumpur, Malaysia.
電話：(603)9057-8822 傳真：(603)9057-6622
email: cite@cite.com.my

封面設計／徐璽工作室
電腦排版／唯翔工作室
印　　刷／韋懋實業有限公司
總 經 銷／聯合發行股份有限公司 電話：(02)2917-8022 傳真：(02)2911-0053
地址：新北市新店區寶橋路 235 巷 6 弄 6 號 2 樓

■ 2019 年 08 月 06 日初版

Printed in Taiwan

定價／ 320 元

城邦讀書花園
www.cite.com.tw

ISBN 978-986-477-698-6